现代航空物流管理系列教材
Aviation Logistics Management Series

总主编／姚红光

民航配载平衡
理论与实务
Civil Aviation Load and Balance

林　彦◆编著

北京·旅游教育出版社

策　　划：李红丽

责任编辑：陈　志

图书在版编目（CIP）数据

民航配载平衡理论与实务／林彦编著. --北京：
旅游教育出版社，2017.9
现代航空物流管理系列教材
ISBN 978-7-5637-3636-2

Ⅰ．①民…　Ⅱ．①林…　Ⅲ．①民用飞机—飞行载荷—
高等学校—教材　Ⅳ．①V215.1

中国版本图书馆 CIP 数据核字（2017）第 232439 号

现代航空物流管理系列教材

民航配载平衡理论与实务

林彦　编著

出版单位	旅游教育出版社
地　址	北京市朝阳区定福庄南里 1 号
邮　编	100024
发行电话	（010）65778403 65728372 65767462（传真）
本社网址	www.tepcb.com
E-mail	tepfx@163.com
排版单位	北京旅教文化传播有限公司
印刷单位	北京柏力行彩印有限公司
经销单位	新华书店
开　本	710 毫米×1000 毫米　1/16
印　张	16
拉　页	12
字　数	255 千字
版　次	2017 年 9 月第 1 版
印　次	2017 年 9 月第 1 次印刷
定　价	36.00 元

（图书如有装订差错请与发行部联系）

总　序

　　近二十年来,"物流"从一个书本中的学术名词已经切实融入了人们的日常生活。随着我国经济发展进入新阶段,以及"电子商务""互联网+"等新兴产业形态的出现,人们的生活方式发生了深刻的改变,人们对于物流服务的需求开始转向"快速化""便捷化"和"一体化",航空物流随之得到了快速的发展。

　　我国航空物流的快速发展具有其历史必然性,主要表现在如下三个方面:

　　第一,市场需求不断增加。

　　随着我国经济增长方式的转变、产业结构的升级以及国民生活方式的改变,人们对物流服务的快捷性要求也越来越高,航空物流正好满足了这种需求。此外,随着未来鲜活易腐产品、医药保健产品及时效产品在流通货物中的比重进一步增加,航空物流的市场需求仍将持续扩大。

　　第二,基础设施不断升级。

　　近年来,我国一直在加快航空物流基础设施建设,机场数量不断增加,机场规模不断扩张。截至 2015 年底,中国大陆共有民用航空机场 210 个,其中定期航班通航机场 206 个,定期航班通航城市 204 个。上海、北京和广州三大城市机场的枢纽作用已日益显现。2015 年,北京、上海和广州机场的货邮吞吐量占比达到了 50.9%;其中,上海浦东国际机场的货运吞吐量位居全球第三位。

　　第三,行业标准逐步完善。

　　近年来,在《中华人民共和国民用航空法》《中国民用航空货物国内运输规则》和《中国民用航空货物国际运输规则》的基础上,我国陆续出台了《艺术品及博物馆展(藏)品航空运输规范》《集运货物国内航空运输规范》《航空货运销售代理人服务规范》三项行业标准,以及《中国民用航空危险品运输管理规定》和《货物航空冷链运输规范》,进一步完善了与航空物流有关的规章和标准。

　　航空物流业的快速发展,对航空物流人才的数量和质量均提出了新的要求。然而,当前具有新思维、新视野的航空物流人才严重匮乏,人才问题已成为我国航空物流业进一步发展的"瓶颈"。因此,加速启动现代航空物流人才教育工程,加快、加紧培养适合我国航空物流行业发展需要的专门人才,已成为我国航空物流业发展的当务之急。

为满足航空物流人才培养的需要,我们应旅游教育出版社之邀,组织航空物流专业具有多年教学经验的骨干教师精心编写了这套"现代航空物流管理系列教材"。其中包括:《航空物流导论》《航空货物运输》《航空货运代理》《民航配载平衡理论与实务》《集装箱与国际多式联运》《民航危险品运输》《航空快递》《航空货运市场营销》《航空物流案例分析》《航空物流法律法规》等。该系列教材既可作为高等院校民航运输大类航空物流等相关专业本专科学生的教材,也可作为航空物流从业人员的参考书籍。

本系列教材在编写过程中特别注重理论与实践相结合,充分结合我国航空物流发展的实践和我国航空物流企业的业务特点,具有重视基础性、注重系统性和体现应用性的特点。

在本系列教材编写过程中,我们参阅了大量中外文参考书和文献资料,也参考了目前航空物流企业的一些内部资料,并且吸收和借鉴了当前优秀教材的优点,在此对国内外相关作者和企业一并表示衷心的感谢。

由于航空物流尚未形成一个成熟的学科体系,航空物流专业开设的课程及每门课程的授课内容也尚未达成共识,特别是受编者水平和时间限制,书中内容难免有错误和不当之处,敬请读者提出宝贵意见,亦欢迎同行切磋探讨,共同推动我国航空物流专业的发展。

如有建议或疑问,欢迎发邮件至:wytep@ 126.com。

姚红光
于上海工程技术大学

前言

PREFACE

航空运输市场竞争激烈,航空公司需要科学化、规范化和现代化的管理。民航飞机是航空公司的运输工具,要在保证飞行安全的前提下,最大限度地利用飞机的载运能力,提高航空公司的运营效益。配载平衡工作是实现这一要求的关键环节。配载平衡工作主要包含三方面的内容:第一,确保飞机上承载的旅客、行李、邮件和货物的总重量不超过飞机的最大业务载重量(以下简称"业载"),同时飞机起飞重量、着陆重量、无油重量均不超过规定的最大重量。第二,飞机上业载产生的力矩之和,要使飞机基本处于平衡状态,即保证飞机的重心在任意时刻不得超出允许的范围。第三,根据装载后的飞机重量与重心位置,计算出飞机起飞配平值,供飞行员操纵飞机使用。配载平衡工作是飞机正常运营的基础。配载平衡工作如果完成不当,将直接危及飞行安全,例如造成飞机起飞时擦尾、结构损伤、颠覆和损伤跑道等事故;另外,也会导致飞机飞行的阻力增加、油耗增加等问题,直接关系到航空公司的运输效益。

配载平衡岗位是航空公司的一个重要地勤岗位,配载平衡人员需要对飞机上的行李、货物、邮件的装载位置进行合理安排,使飞机重心在安全起飞包线内,同时要控制飞机腹舱空间得以最大化的利用,从而增加公司盈利。当航班上旅客不能完全坐满机舱时,配载平衡人员还要负责安排旅客的座位区域,避免旅客集中坐在某一区域而使飞机失去平衡。因此,配载平衡人员不仅要做到对每种机型的座位布局、货舱布局、飞机性能了如指掌,会填写舱单,更要清楚配载平衡的方法原理,提高理论认识深度与应变能力,这样在工作中才能应对自如,沉着处置。

本书围绕配载平衡工作岗位的特点,紧密结合当前配载平衡岗位的实际操作，系统分析和介绍了民航配载平衡的基本概念、基本知识和基本技能。全书分为十章。第一章介绍了现代民航飞机机型情况。第二章阐述了飞机机体结构及其功能作用、飞机的飞行原理。这两章内容是配载平衡工作的常识，是后续学习的知识准备。第三、第四、第五章围绕"配载"展开，讲述如何最大化地合理利用飞机运力。第六章详细介绍了货舱布局、货舱装载限制、集装货物装载、特种货物装载等内容，旨在帮助配载平衡人员了解飞机装载工作，以提高配载质量和做好监装监卸工作。第七、第八章围绕"平衡"展开，讲述飞机平衡的原理、飞机重心计算的方法，解决如何合理布局机上旅客、货物、行李、邮件的问题。第九章介绍了配载平衡工作相关的业务电报，电报是每个配载平衡工作的最后一个环节。第十章介绍了在离港系统上实现配载平衡工作的操作技能。离港系统配载平衡模块的应用不仅能方便航空公司对机型重量数据的管理与维护，也让配载平衡人员从烦琐的计算中解脱出来，极大地提高了工作效率，是配载平衡工作的发展方向。

　　本书是一本体系完整、结构合理、理论性与实践性并重的教材，不仅适合作为民航运输、交通运输管理、物流管理等专业的教学用书，亦可作为民航企业的培训用书。但限于作者水平，书中难免有错漏之处，敬请广大专家和读者给予批评指正。

林彦

于上海工程技术大学

目 录

Contents

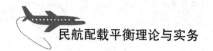

第一章　民航飞机机型

学习要点

- 民航飞机的发展过程
- 民航机型分类
- 宽体机、窄体机的区别
- 全客机、全货机、客货混装机的区别
- 常见的干线机、支线机情况

航空公司以盈利为目的经营航空业务,一方面要求飞机的高效率,对飞机的安全、速度、载量、航程等方面提出要求;另一方面又要求控制成本,对飞机的购置成本、营运成本等方面提出要求。因此,飞机制造商需要针对航空公司的航线要求,生产满足不同需要的飞机,也就是提供不同类型的民航飞机。

第一节 飞机发展历程

一、飞机的诞生

人类自古以来就梦想着能像鸟一样在空中翱翔,古人认为只要拥有一双翅膀就能像鸟儿一样飞翔了,因此,不断有人用鸟的羽毛制成翅膀,绑在身上,像鸟儿那样拍拍翅膀直冲云霄,结果大都非伤即亡。科学证明鸟的骨架轻,胸肌发达,所以靠翅膀就可以飞起来,人却是不可能凭自己的力量飞起来的。但"飞人"的失败,并不能阻挡人类通向天空的脚步。

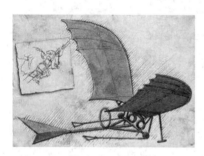

图 1-1 扑翼机

许多早期航空家如达·芬奇,开始试图制作像鸟和昆虫翅膀那样能上下扑动的航空器——扑翼机,希望能借助外力实现飞行,见图 1-1,但至今扑翼机尚未取得载人飞行的成功。

1783 年,蒙特哥菲尔兄弟偶然发现了氢气的存在,将人类飞行的探索向前推进了一大步。同年 11 月 21 日,两位勇敢的化学家罗泽尔和德尔朗登上了蒙特哥菲尔兄弟发明的热气球,见图 1-2。在滚滚浓烟和热气中,热气球徐徐升空,飞向法国首都巴黎上空,在 25 分钟之后,安全降落于 9 公里以外的地方。这是人类历史上第一次气球载人的自由飞行。

热气球没有动力装置,升空后只能随风飘动或被系留在

图 1-2 热气球

固定装置上,因此,人们想方设法推进和驾驶热气球。在热气球的基础上,1784 年,法国罗伯特兄弟制造了人类第一艘有动力的飞艇。1884 年,法国路纳德和克里布制造了人类第一艘能操纵的飞艇。1900 年,齐柏林制造了第一架硬式飞艇,见图 1-3。1909 年,齐

图 1-3　飞艇

柏林与艾肯纳成立了世界上第一家航空公司,建立了第一条定期空中航线,使用飞艇进行旅客运输,开创了民用航空运输的历史。第一次世界大战前后是飞艇发展的黄金时期,但在 1937 年,德国"兴登堡"号飞艇在着陆时因静电火花引起氢气爆炸,35 人遇难,英、美也有多艘大型飞艇相继失事,因此,飞艇就逐渐淡出了航空运输领域。

热气球、飞艇的问世激励着人们以更大的热情进行飞行探索。1891 年,李林塔尔制作了第一架固定翼滑翔机,见图 1-4。人们通过滑翔飞行逐步掌握了飞行中升力和阻力产生和变化的规律,为实现稳定飞行奠定了技术基础。

在前人研究的基础上,美国莱特兄弟经过 1000 多次的滑翔试验,终于在 1903 年制造出了第一架依靠自身动力进行载人飞行的飞机"飞行者"1 号,见图 1-5,并于 1903 年 12 月 17 日试飞成功,持续飞行了 12s,飞行距离约 120ft。莱特兄弟的飞行成功,是人类首次持续的、有动力的、可操纵的飞行。

图 1-4　滑翔机

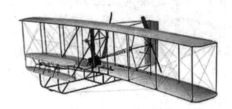

图 1-5　飞行者 1 号

莱特兄弟的第一架有动力的飞机看上去虽与现代飞机有很大差别,但是,它解决了飞机飞行的三个最根本的问题,即升力、稳定操作、飞行动力问题。所以世界公认"飞行者 1 号"是第一架能操纵、有动力推进的飞机。

二、现代意义的民航客机

飞机出现后的最初十几年,基本上是一种娱乐的工具,主要用于竞赛和表演。但是当第一次世界大战爆发后,这个"会飞的机器"逐渐被派上了用场。先是用于侦察,为陆军部队做耳目;继而装上机枪,专门进行空中格斗;后来又带上

炸弹,去轰炸敌方的地面阵地;此外,有的飞机专门执行对地面部队攻击的任务。这样,在大战的硝烟中,诞生了一群"铁鸟"——侦察机、战斗机、轰炸机、强击机和教练机。

在战争中,飞机的性能有了很大的提高。如速度在 1914 年时一般是每小时 80~115 公里,4 年后增至 180~220 公里;飞行高度从 200 多米提高到 8000 米;飞行距离从几十公里增大到 400 多公里。大战初期飞机的重量只有几百公斤,到大战后期,有的轰炸机如英国的汉德利佩季,总重约 13 600 公斤,最多可装弹 3400 公斤。

第一次世界大战后,大量的军用飞机转为民用。1919 年 2 月 5 日,德国率先开辟了国内第一条飞机定期航线。1919 年 2 月 8 日,法国开辟了巴黎—伦敦的不定期航线。20 年代末至 30 年代初,各航空公司服役的飞机多数是闲置的战斗机,仍以木质飞机为主,安全性能较差。在不断的民航飞行实践中,人们逐渐认识到民用飞机与军用飞机的不同特点。民用飞机要求更安全、更经济,并要求机舱内引入更舒适的设计,增加空中服务项目等。

图 1-6　B247 飞机

1933 年,波音公司研制的 B247 飞机在西雅图试飞成功,这是第一架真正现代意义上的民航客机,见图 1-6。它具有全金属结构和流线型外形,起落架可以收放,采用下单翼结构。飞机的巡航速度为每小时 248 公里,航程 776 公里,载客 10 人,并可装载 181 公斤的邮件。机上座位舒适,设有洗手间,还有一名空中小姐。

三、喷气机时代

1939 年,第二次世界大战爆发,就像第一次世界大战一样,这次大战也有力地刺激了飞机性能的提高。1939—1945 年,飞机的飞行速度由 400~500km/h 增至 784km/h,这已经接近活塞式飞机飞行速度的极限。

若要进一步提高飞行速度,必须增加发动机推力,但活塞式发动机已经无能为力。航空科学家们认识到,要向声速冲击,必须使用全新的航空发动机,也就是喷气发动机。

1939 年,德国试飞成功了最早的喷气式飞机 He-178。到二战末期,德国成功研制了 Me-262 新型战斗机,这是世界上第一架实际使用的喷气式战斗机。同一时期,意大利、英国、法国和美国也都开始研制喷气式战斗机。

战后 1949 年,英国德·哈维兰公司研制成功中程喷气式客机"彗星"号。1952 年 5 月 2 日,"彗星"号在英国海外航空公司的航线上正式投入运营,取得了巨大的成功,这是世界上喷气式民航客机的首次飞行。随后,苏联、法国和美国的航空工程师及制造商们也分别推出了自己的第一代喷气式客机,如苏联的图-104、法国的卡拉维勒号和美国的 B707。

美国波音公司的 B707 客机是世界上公认的商业最成功的干线喷气机,它使喷气式客机真正得到全世界的承认,推动人类航空史进入了喷气机时代。而在这之前,英国"彗星"号因设计缺陷而停飞,而苏联的图-104 又无法大量进入欧洲市场。B707 每个技术细节都做得很成功,波音公司在技术服务支持上也尽可能地满足用户要求,所以 B707 很快就打开了市场。B707 的成功也使波音公司迅速崛起,成为极具影响力的世界性飞机制造商。

四、超音速飞机

20 世纪 50 年代,随着喷气发动机、后掠翼等技术的应用,战斗机已经实现了超音速和二倍音速飞行。当喷气式客机趋于成熟后,人们又把注意力放到超音速客机上,美、苏、英、法等国纷纷开始探索研制超音速大型飞机。经过近 20 年的努力,只有英法联合研制的"协和"飞机和苏联研制的 Tu-144 客机是超音速民航客机。

"协和"飞机 1969 年初试飞,见图 1-7,1975 年底取得两国适航合格证后开始投入使用,是目前世界上唯一的实际服役过的民用超音速豪华客机,主要用于欧洲大陆到美国之间的商务飞行。

图 1-7　协和飞机

"协和"飞机设计于 20 世纪 60 年代,所使用的技术只能代表 50 年代末和 60 年代初的水平,所以存在着两个重大的缺陷:一是经济性差。协和式飞机一次可满载 95.6 吨的燃油,可每小时却要消耗掉 20.5 吨,耗油率较高,但最大油量航程仅 7000 多公里,最大载重航程仅 5000 公里,航程较短,也就是说它只能勉强横跨大西洋飞行,而不能横跨太平洋飞行,这就限制了它的使用范围。"协和"飞机标准客座为 100,最大客座为 140,载客量偏小,运营成本较高,这些都降低了它的经济性。二是起落噪声太大,致使世界上绝大部分国家都不让它起落;而且由于超音速飞行产生的音爆,被限制不得在大陆上空进行超音速飞行。

全世界一共有 12 架"协和"客机,其中法国航空公司有 5 架,英航有 7 架。2000 年 7 月 25 日下午法国航空公司一架"协和"超音速客机在巴黎戴高乐机场附近坠毁,这是"协和"超音速客机自 1969 年首航以来第一次出现坠机事故,造成机上 113 名乘客和机组人员全部遇难。英航和法航为此不得不宣布停止这种飞机的所有商业飞行。英、法两家航空公司下大力气对"协和"式飞机的安全设施进行了改进后恢复了营运飞行。随后,随着世界经济不景气和航空业普遍萧条,"协和"飞机出于商业原因,宣布于 2003 年 10 月 24 日退出飞行。这款曾在世界航空界显赫一时的飞机走过了它 27 年的光辉历程。

Tu-144 是苏联图波列夫航空科学技术联合体研制的超音速客机,Tu-144 从 1962 年开始研制,1968 年 12 月 31 日原型机首飞。由于一些严重的技术问题一直未得到解决,以及后来出现的一些严重事故,Tu-144 只做了短暂的客运飞行,从技术和商业上说,Tu-144 都是不成功的。

"协和"超音速飞机的遭遇也进一步说明了民航飞机的设计必须满足民航运输的需要,民航飞机有别于战斗机。最好的民航飞机必须是兼顾安全和效益、最适合航线市场需求、经济效益最好的飞机。因此,现在民航飞机已经从单纯追求飞机性能卓越的技术发展阶段发展到适应市场需求的全系列、多用途机型时期。

第二节　民航机型介绍

目前,民航飞机按照用途可以分为全客机、客货混装机、全货机;按照机身的宽窄可以分为宽体机、窄体机;按照座位数可以分为干线机、支线机。

一、全客机/全货机/客货混装机

一般飞机主要分为两种舱位:主舱(Main deck)、下舱(Lower deck)。有些机型飞机,如 B747、A380,分为三种舱位:上舱(Upper deck)、主舱和下舱,见图 1-8。

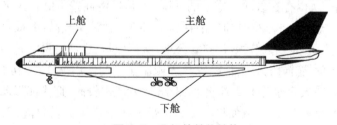

图 1-8　飞机的舱位结构

（一）全客机

飞机上舱、主舱完全是客舱，仅在下舱也就是腹舱装载货物。

（二）全货机

飞机上舱、主舱及下舱全部载货。许多干线飞机都有专门的货机型号，全货机以在飞机型号的结尾加字母 F 识别。如 B747-400F、A330-200F 等，都是全货机。

（三）客货混装机

客货混装机也叫作客货混用机。客货混装机主舱前部设有旅客座椅，后部装载货物，下舱内也可装载货物。客货混装机主舱中客货舱容积可以根据使用者的要求在停场时转换。飞机的座椅固定在导轨上，转换时把座椅及机内装饰拆下，换上滚棒系统。客货混装机以在飞机型号的结尾加字母 COM 或 M 识别，如 B747-400COM 或 B747-400M，如图 1-9 所示。

图 1-9　B747-400COM

二、窄体机/宽体机

（一）窄体机

窄体机的机身宽约 3m，旅客座位之间只有一条走廊，这类飞机下货舱往往只装运散货。窄体飞机机舱截面见图 1-10。

常见的窄体机包括：波音公司的 B707、B717、B727、B737、B757；空客公司的 A320 系列以及所有的支线飞机。

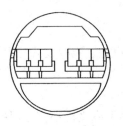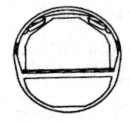

图 1-10　窄体飞机机舱截面

（二）宽体机

宽体机的机身较宽，客舱内至少有 2 条走廊、3 排座椅，机身宽一般在 4.72m 以上，这类飞机下货舱可以装运集装货物和散货。宽体飞机机舱截面见图 1-11。

常见的宽体机包括：波音公司的 B747、B767、B777、B787；空客公司的 A300、A310、A330、A340、A350、A380。

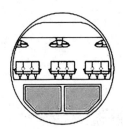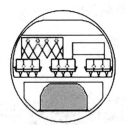

图 1-11　宽体飞机机舱截面

三、干线机

干线运输机一般指客座数大于 100、满载航程大于 3000km 以上的大型客货运输机。按航程分，常把满载航程大于 6000km 的称中远程干线运输机，航行于洲际线上的大多是这类飞机；把满载航程在 6000km 以下的称中近程干线运输机，航行于国内各大城市之间的大多是这类飞机，常被称为国内干线飞机。

生产干线飞机的厂商主要有波音公司和空中客车公司。下面将分别介绍两家公司的干线飞机。

（一）波音公司

波音公司是世界最大的航空航天公司。其前身是 1916 年由威廉·波音创立的太平洋航空制品公司,1934 年建立波音飞机公司,1961 年改为波音公司。总部原设在西雅图市,2001 年 9 月迁至芝加哥市。制造飞机的工厂集中在华盛顿州和堪萨斯州。1996 年,波音收购了罗克韦尔公司的防务及空间系统部;1997 年,波音与麦道公司合并。波音公司生产几乎所有类型的干线飞机,其干线飞机系列包括 B707、B727、B737、B747、B757、B767、B777、B787。

1. B707

B707 是波音公司在 20 世纪 50 年代研制的四发中远程民航客机,是美国第一种实用的喷气式客机,是世界上第一型在商业上取得成功的喷气式民航客机,见图 1-12。B707 运营成本比当时的活塞式发动机的飞机低数倍,这是它之所以成功的最主要原因。B707 是商业民航客机的典范,缩短了洲际旅行

图 1-12　B707

的时间,提高了旅客在旅行途中的舒适程度,给美国民用航空带来一次革命性的变化。凭借 B707 的成功,波音公司迅速崛起,成为极具影响力的世界性飞机制造商。

B707 飞机主要型号有 B707-100/200/300/400。1982 年,最后一架民航 B707 交付使用,1991 年,最后一架军用 B707 出厂后,B707 生产线关闭。

2. B727

B727 是波音公司研制的三发中短程民用客机,见图 1-13,是波音公司继 B707 后的第二种喷气式客机,也是世界上首款投入商业运营的三发喷气民航飞机,在机身尾部装备 3 台喷气式发动机。B727 飞机主要型号有 B727-100/200。

B727 装备低涵道比涡轮风扇喷气式发动机,降低了油耗,提高了中短程航线运营的经济性。但是,B727 机身后部挂发动机的设计,使其无法使用体积较大的新型高涵道比的涡扇喷气式发动机。所以当机场改善设施、延长跑道,加上推力越来越大的新式发动机不断出现,令当初 B727 可以在短跑道起降的特点显得越来越不重要了。因此,最后一架 B727 于 1984 年交付使用后,1984 年 9 月 18 日 B727 生产线关闭。

图 1-13　B727

3. B737

B737 系列飞机是波音公司生产的双发中短程喷气式飞机,见图 1-14。B737 自 1964 年启动以来销路长久不衰。B737 是目前全球生产量、销售量最多的民用飞机,因此,被称为世界航空史上最成功的民航客机。B737 主要针对中短程航线的需要,特点是可靠、简捷,且极具运营和维护成本经济性。根据项目启动时间和技

图 1-14 B737

术先进程度分为传统型 B737 和新一代 B737。传统型 B737 型号有 B737-100/200/300/400/500;新一代 B737 是波音公司为应付空中客车公司的 A320 的竞争于 1993 年启动的,型号有 B737-600/700/800/900。

4. B747

B747 飞机是波音公司生产的四发远程宽体飞机,是世界上第一款宽体喷气式飞机,见图 1-15。1965 年 8 月开始研制,1970 年 1 月首架 B747 交付给泛美航空公司投入航线运营。在空客 A380 投入服务之前,B747 一直保持着全世界载客量最高飞机的纪录长达 37 年。

图 1-15 B747

B747 飞机主要型号有 B747-100/200/300/400。1990 年 5 月起,除 B747-400 型外,B747 的其他型号均已停产。

5. B757

B757 飞机是波音公司生产的 200 座级双发窄体中短程民航运输机,见图 1-16。波音公司在 1979 年 3 月启动了研制计划,用于替换 B727 及传统型 B737,并在客源较少的航线上作为 B767 的补充。B757 飞机主要型号有 B757-200/300。

B757 和 B767 的驾驶舱几乎完全相同,两种机型要求的机型驾驶资格也相同。由于新一代 B737 系列和 B787 可以涵盖到 B757 这款 200 座级客机的市场,

图 1-16 B757

所以 2004 年 10 月 28 日最后一架 B757 出厂交付后,生产线关闭。

6. B767

B767 飞机是波音公司生产的双发半宽体中远程运输机,见图 1-17。B767 主要面向 200 ~ 300 座级市场,用来与空中客车 A300/A310 系列竞争,后来与 A330 竞争,主要是用来争夺 20 世纪 80 年代 B707、DC8、B727 等 200 座级客机由于退役而形成的市场。B767 系列大小介于单通道的 B757 和更大的双通道的 B777 之间。B767 飞机主要型号有 B767-200/300/400。

图 1-17 B767

1980 年 4 月第一架 B767 出厂。B767 飞机研制生产采用了国际合作方式,同时是波音民航机中首次采用两人驾驶制的宽体飞机。

由于 B767 的机体内部直径只有 4.7 米,是宽体客机中最窄的,因此舒适度不如空中客车 A330。而货舱容积也较小,只能容纳窄体机惯用的航空用 LD2 集装箱而不能使用较大的宽体机常用的 LD3 集装箱。最终 B767 在与空中客车 A330 的竞争中让出了中级双发客机市场主导地位。

7. B777

B777 是波音公司生产的双发中远程宽体客机,见图 1-18。B777 在规格上介于 B767-300 和 B747-400 之间,是目前全球最大的双引擎宽体客机,三级舱布置的载客量由 283 人至 368 人。B777 飞机主要型号有 B777-200/300。

图 1-18 B777

B777 停在跑道上,其最明显的识别标志之一就是它的三轴六轮主起落架系统和两个前轮,这种结构既有效地分散了路面载荷,又使飞机有不超过三个起落架支柱。B777 是与空中客车 A330、A340 及 A350 竞争的机型。虽然空中客车公司强调四发动机比双发动机更安全的理由来吸引顾客,但 B777 还是在与 A340 的竞争中占据优势,不少航空公司考虑经济性,宁可选用双发的 B777 而不是四发的 A340。

8. B787

图 1-19　B787

B787 是波音公司生产的双发远程中型宽体运输机,见图 1-19。B787 系列属于 200 座至 300 座级飞机,首架 B787 于 2011 年 9 月 26 日交付全日空航空公司使用。B787 飞机主要型号有 B787-8/9/10。

B787 最大特点是大量采用先进复合材料,飞机上机身、机翼、发动机的叶片、发动机罩等主要的部件,都采用这一新技术,重量比例超过 50%[使用物料(按重量):61%复合物料(碳纤维)、20%铝、11%钛、8%钢],此前飞机这个比例只有 20%,B787 也因这种新技术的广泛应用而使得 B787 更节省燃油,同时也可以节省在维护方面的花费,因此被称作"梦想"飞机。

(二)空客公司

空中客车公司,是欧洲一家飞机制造、研发公司,1970 年 12 月于法国成立。目前,空中客车公司的股份由欧洲宇航防务集团公司(EADS)100%持有。

空中客车创立之前,世界航空市场基本上是美国人的一统天下,包括洛克希德·马丁、麦道和波音在内的美国公司占有 97%的民航飞机市场份额,欧洲只有不到 3%的份额。欧洲特别是法国航空工业界有识之士认为必须改变这种状况,快速发展起自己的航空工业。但当时欧洲的航空工业是各国分立状态,形不成规模,难以抗衡强大的美国同行。在这种形势下,由法、德、英三国以及不久之后加入进来的荷兰福克公司和西班牙航空制造公司组成的联合航空制造公司——空中客车公司由此诞生。空中客车公司成立后,逐渐发展壮大成唯一能和波音公司竞争的世界性飞机制造商,其干线飞机系列包括 A300、A310、A320、A330、A340、A350、A380。

1. A300

A300 是空中客车公司生产的双发中短程宽体客机,是世界上第一架双发动机宽体客机,亦是空中客车公司第一款投产的客机,见图 1-20。

空中客车公司在 1970 年成立时,民用飞机市场是波音的天下,波音已拥有从

图 1-20　A300

100座级至400座级的一系列飞机。作为市场上的新兵,空客显然没有足够的资本来和波音正面对垒,因此,空客认真分析了波音当时的产品系列,当时在100~150座的飞机中,有B737;在150~250座的飞机中,有B707、B727;在400座左右的大型飞机中,有B747。空客公司分析发现了一个市场空档——250~300座是波音公司还没来得及覆盖的市场空白点。所以空客选择了这个空档,推出其首种机型A300。在后来波音公司竞争机型B767飞机推出之前的10年里,A300在宽体客机市场中一直独领风骚。这10年独家占有市场的机会,使空中客车公司在世界航空业上树立起极好的信誉,有了一个世界范围的客户基础,从而逐渐发展成为一个拥有完整的世界上最现代化的客机系列的公司,发展成为波音公司的唯一竞争对手。

A300于1969年9月开始试制,1972年投入生产,1974年5月交付使用,2007年7月停产。A300飞机主要型号有A300-100/200/600。

2. A310

A310是空中客车公司在A300基础上研制的200座级中短程宽体客机,见图1-21。机身较A300缩短,设计了新的机翼,采用双人机组。典型两级座舱布局220人。1978年7月开始研制,1983年3月29日开始交付使用。A300和A310之间有着良好的互操作性。2007年A310正式停产,关闭生产线。A310飞机主要型号有A310-200/300。

图1-21 A310

3. A320

空中客车A320系列飞机是空中客车公司生产的双发中短程150座级窄体客机,见图1-22,是空中客车公司在其研制的A300/A310宽体客机获得市场肯定、打破美国垄断客机市场的局面后,决定研制的与波音737系列和麦道MD-80系列进行竞争的机型,旨在满足航空公司低成本运营中短程航线的需求。

A320系列包括A321、A320、A319和A318四种基本型号。其中,A320飞机主要型号有A320-100/200,A321飞机主要型号有A321-100/200。A320系列四种

图1-22 A320

基本型号的飞机拥有相同的基本座舱配置、相同的驾驶舱、相同的飞行操作程序、相同的客舱截面和相同的系统。飞行员只要接受一种的飞行训练,就可驾驶以上四种不同的客机。同时这种共通性设计也降低了维修的成本及备用航材的库存,大大增强了航空公司的灵活性。此外,A320 系列飞机的驾驶员都具有空中客车电传操纵飞行资格。通过简捷的差别培训,不必经过一整套全新的型号等级培训,就可方便地过渡到驾驶较大的 A330、A340、A350 和 A380 飞机。

4. A330

A330 是空中客车公司生产的新一代电传操纵双发中远程宽体客机,见图 1-23,用于取代 A300、A310,与四引擎的 A340 同期研发。

图 1-23　A330

1987 年 4 月空中客车工业公司决定 A330 和 A340 两个型号作为一个计划同时上马。其概念为:一个基本的机身有相同的机体横截面,以 2 台或 4 台发动机作为动力装置,可以提供 6 种不同的构型覆盖从 250 座至 475 座、从地区航线到超远程航线,提高通用性。双发的 A330 在地区航线到双发延程飞行的延程航线均可带来最大收益及低运营成本,而四发的 A340 在远程和超远程航线上提供多种功能。A330 和 A340 两种机型有很大的共同性,有 85% 的零部件可以互相通用,采用同样的机身,只是长度不同,驾驶舱、机翼、尾翼、起落架及各种系统都相同,这两种飞机的驾驶员资格也是通用的。

A330 飞机主要型号有 A330-200/300。A330 飞机作为空中客车现役飞机中航程最远的双发飞机,它在与 B767 的竞争中占据了中级双发客机市场主导地位。

5. A340

A340 是空中客车公司生产的四发远程双过道宽体客机,见图 1-24。基本设计上类似于 A330,但是发动机多了 2 台,共装备 4 台。A340 主起落架为四轮小车式,前起落架为双轮式。在机身中部中线位置增加一个双轮辅助起落架装置,而 A330 则没有。A340 载客量较少,适宜远

图 1-24　A340

程客运量少的航线。A340 于 1991 年 10 月首飞成功,1992 年 10 月开始正式交付使用。A340 最初设计目的是要在远程航线上与 B747 竞争,后来实际上 A340 是与 B777 竞争远程与超远程的飞机市场。

A340 飞机主要型号有 A340-200/300/400/500/600。由于新型发动机性能日益提高,有更高的动力输出,同时发动机的故障率极低,因此除非是超大型飞机,例如 A380 或者 B747,否则四台发动机好像并无必要。航空公司开始倾向于B777,A340 的销售因而变得惨淡。

6. A350

A350 是空中客车公司生产的双发远程宽体客机,见图 1-25。A350 是在 A330 的基础上进行改进的,主要是为了增加航程和降低运营成本,以取代较早期推出的 A330 及 A340 系列机种,同时也是为了与全新设计的 B787 进行竞争。

图 1-25　A350

首架 A350 已于 2014 年 12 月交付使用。A350 飞机主要型号有 A350-800/900/1000。

7. A380

A380 是空中客车公司生产的四发超大型远程宽体客机,见图 1-26,也是全球载客量最大的客机,有"空中巨无霸"之称。

图 1-26　A380

2005 年 4 月 27 日 A380 在图卢兹首飞成功。A380 客机全机身长度双层客舱,在单机旅客运力上有无可匹敌的优势。在典型三舱等(头等舱—商务舱—经济舱)布局下可承载 555 名乘客(其中上层机舱 199 人,下层客舱 356 人),采用最高密度座位安排时可承载 861 名乘客。A380 飞机主要型号有 A380-700/800/900。

四、支线机

支线飞机通常指客座数在 100 座以下、航行于中心城市与小城市或小城市与小城市之间的客货运输机。其航段距离一般在 1000km 以下。支线运输机有各种不同的座级:10~30座的为小型支线运输机;40~60座的为中型支线运输机;70~100座的为大型支线运输机。

生产支线飞机的资金、技术等的要求相对于干线机而言较低,因此,全球范围内的支线飞机生产商比干线飞机的生产商多,产品也丰富。主要厂商有巴西航空工业公司、庞巴迪公司、区域运输机公司,以及我国的西安飞机工业公司、中航商用飞机公司等。下面将介绍支线飞机制造商的主要机型。

(一)巴西航空工业公司

巴西航空工业公司是巴西最大的航空工业制造商,成立于1969年,业务范围主要包括商用飞机、公务飞机和军用飞机的设计制造,以及航空服务。现为全球最大的120座级以下商用喷气飞机制造商,占世界支线飞机市场约45%市场份额,是世界支线喷气客机的最大生产商。

巴西航空工业公司商用喷气飞机分为两大系列,见图1-27和图1-28。ERJ145喷气系列——共四款,分别为50座的ERJ145、50座的ERJ145远程型、44座的ERJ140和37座的ERJ135。E-喷气飞机系列——共四款,分别为70~80座的E-170、78~88座的E-175、98~114座的E-190和108~122座的E-195。

图1-27 ERJ145　　　　　　　　图1-28 E-190

(二)庞巴迪公司

庞巴迪公司是一家总部位于加拿大的国际性交通运输设备制造商,生产范围覆盖支线飞机、公务喷气飞机以及铁路和轨道交通运输设备等。

庞巴迪公司支线机分为两大系列,见图1-29和图1-30,CRJ支线喷气飞机系列包括50座的CRJ-100/200、70座的CRJ-700、90座的CRJ-900;"冲8"涡桨式支线运输机系列包括37座的"冲8"-100/200、50座的"冲8"-300和70座的"冲8"-400。

图1-29　CRJ

图1-30　冲8

（三）区域运输机公司

区域运输机公司（Avions de Transport Regional），简称ATR，是一家由意大利及法国合组的飞机制造商，成立于1981年，总部设在法国图鲁兹。ATR系列飞机属于双发涡轮螺旋桨支线飞机，见图1-31，包括42座的ATR42-200/300/500、72座的ATR72-200/500。

图1-31　ATR

目前，由于乘坐舒适性及飞行速度等原因，民航飞机市场上支线客机趋向喷气化，涡桨时代已过去，许多生产涡桨式支线运输机的飞机制造公司均已停产，而ATR公司是少数还在研制生产的飞机制造企业，目前已占据大部分涡桨式支线运输机市场。

（四）西安飞机工业公司

西安飞机工业公司是科研、生产一体化的特大型航空工业企业，是我国大中型军民用飞机的研制生产基地。创建于1958年，生产的民用飞机主要有"运7"系列飞机和"新舟"60飞机。"运7"系列飞机是参照苏联安-24型飞机研制生产的双发涡轮螺旋桨中短程运输机，该机1986年投入客运服务，属于50座级支线客机。"运7"的出现结束了中国民航全部使用外国飞机的历史。

"新舟"60飞机（英文称Modern Ark 60，英文缩写为"MA60"）是西安飞机工业公司在运7飞机的基础上研制、生产的50~60座级双涡轮螺旋桨支线客机，见图1-32。

"新舟"60飞机是中国首次按照与国际标准接轨的中国民航适航条例

CCAR-25部进行设计、生产和试飞验证的飞机,在安全性、舒适性、维护性等方面达到或接近世界同类飞机的水平。但是"新舟"60飞机虽然引进了大量的西方航空技术,但是并未取得欧盟和美国的飞行认证许可,因此主要客户以第三世界国家为主。

图1-32 "新舟"60

（五）中航商用飞机公司

图1-33 ARJ21

中航商用飞机有限责任公司简称中国商飞,于2008年5月11日在中国上海成立,是我国实施国家大型飞机重大专项中大型客机项目的主体,也是统筹干线飞机和支线飞机发展、实现我国民用飞机产业化的主要载体。

中国商飞生产的支线机型是ARJ21,见图1-33。ARJ21是英文名称"Advanced Regional Jet for the 21st Century"的缩写。ARJ21是中国按照国际标准研制的具有自主知识产权的70~90座级的中短程喷气支线客机,拥有基本型、加长型、货机和公务机四种容量不同的机型。

2015年11月29日,首架ARJ21支线客机飞抵成都,交付成都航空有限公司,正式进入市场运营。

五、公务机

与干线飞机和支线飞机提供的定期飞行、包机飞行不同,公务飞机是按某一旅客、团体的特殊旅行需求,专为他（她）/他们设计航线班期、提供专门服务的飞机。公务飞机按照价格、航程、客舱容积等数据可分为超轻型、轻型、中型、大型、超大型五类。公务机通常舒适豪华,舱内设计更加人性化,符合公务飞行要

图1-34 公务机客舱

求,见图1-34。公务机的主要厂商有空客公司、波音公司、巴西航空工业公司、庞巴迪公司、湾流宇航公司、赛斯纳飞机制造公司、达索飞机制造公司等。

六、机型型号的补充说明

（一）关于用户代码的说明

关于用户代码的说明仅对于波音飞机有效。在飞行资料中见到的波音飞机型号有时并非我们常见的型号，如厦门航空公司注册号 B-2998 的飞机，为 B737-700 型，但在资料中飞机型号为 B737-75C。这里型号中最后两位即用户代码，是波音公司为每位购买波音飞机的用户指定的用户代码。上面例子中的 5C 即厦门航空公司的用户代码。

用户代码共两位，由数字或字母组成。某架飞机一经指定用户代码后，将不再变更此代码，即使后来飞机转卖、改装。表 1-1 列出的是部分航空公司或企业的用户代码。

表 1-1 部分航空公司或企业的用户代码

用户代码	航空公司或企业	用户代码	航空公司或企业
09	台湾中华航空公司	1B	中国南方航空公司
4P	海南航空公司	5C	厦门航空公司
5E	台湾长荣航空	5N	山东航空公司
67	香港国泰航空公司	6D	上海航空公司
6R	武汉航空公司	7L	深圳航空公司
7K	中原航空公司	9L	中国国际航空公司
8S	深圳航空公司	9K	中国新华航空公司
9P	中国东方航空公司	AR	台湾空军

（二）关于识别代码的说明

关于识别代码的说明仅对于空客飞机有效。在飞行资料中见到的空客飞机型号有时并非我们常见的型号，如东方航空公司 B-2201，为 A320-200 型，但在资料中飞机型号为 A320-214，这里型号最后两位即识别代码，是空客公司根据该飞机选装发动机型号的不同而指定的识别代码，上面例子中的 14 即代表该飞机选用 CFM 公司的 CFM56-5B4 发动机。

识别代码共两位，由数字组成。第一位代表的是发动机制造商，适用于所有空客机型；第二位则是具体的发动机型号，对于各机型是不一样的。某架飞机的识别代码与飞机型号没有任何关系,但通过它可以了解这架飞机选用的是哪家发动机制造商提供的发动机及具体型号。表1-2列出的是首位识别代码表示的发动机制造商。

表1-2 首位代码表示的发动机制造商

首位识别代码	发动机制造商	
0	GE：General Electric	通用电气公司
1	CFM：Comercial Fans Motor	国际商用风扇发动机公司
2	PW：Pratt Whitney	普拉特·惠特尼发动机公司
3	IAE：International Aero Engies	国际航空发动机公司
4	RR：Rolls Royce	罗尔斯·罗伊斯发动机公司

（三）关于型号后字母的说明

在飞机机型型号后可能还有字母,代表飞机性能上的一定变化,具有实际意义。表1-3列出常见的一些字母的代表含义。

表1-3 部分型号后字母的含义

字母	英文全称	含义
A	Advanced	先进型
F	Freighter	货机
C	Convertible	客货两用型
D	Domestic	高容量型
ER	Extended Range	延程
SR	Short Range	短航程
QC	Quick Conversion	客货两用快速转换型
QF	Quiet Freighter	安静型货机
SCD	Side Cargo Door	侧货舱门
EUD	Extended Upper Deck	延长（B747）上层机舱
HGW	High Gross Weight	较高总重量

习题与思考

1. 现代意义的民航飞机是如何出现的？
2. 超音速飞机为什么不为市场所接受？
3. B737 飞机畅销的原因是什么？
4. 如何辨别宽体机和窄体机？
5. 干线机、支线机、公务机主要区别是什么？
6. 介绍波音和空客各系列干线机的基本情况。

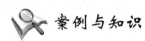 **案例与知识**

国产大飞机 C929

继 C919 国产干线客机之后，C929 宽体客机的研制项目终于首次揭开神秘面纱。2016 年 11 月 2 日，在第十一届中国国际航空航天博览会现场，中国商飞公司和俄罗斯联合航空制造集团共同举行新闻发布会，第一次透露 C929 宽体客机的具体细节和项目进展。中俄双方公司介绍，C929 预计在 10 年后交付，总装将在上海完成。

中俄远程宽体客机是两国企业在高科技领域开展务实合作的重大战略合作项目。经过前期广泛深入的市场调研和联合佐证，2016 年 6 月 25 日，在习近平总书记和普京总统的见证下，中国商飞公司与俄罗斯联合航空制造集团签署了项目合资合同，中俄两国企业就研制宽体客机正式确立合作关系。

中俄双方企业介绍，两家企业正在按照对等原则开展研制工作，在上海组建合资公司作为项目实施主体。目前合资公司注册审批程序已启动，预计年内将正式挂牌运营，飞机总装将在上海完成。

新闻发布会上介绍，中俄远程宽体客机采用双通道客舱布局，基本型航程为 12 000 公里、座级 280 座；通过采用先进启动设计、大量应用复合材料、装配新一代大涵道比涡轮发动机等提高飞机综合性能指标，宽体客机将比同类型机型拥有更低的直接运营成本。在基本型的基础上，宽体客机将按照国际主流适航标准开展研制。根据研制经验，从项目启动到实现首飞，预计需要 7 年时间，到实现产品交付预计需要 10 年左右时间，目前中俄双方企业已经制订了项目实施计划，将在适当的时候对外公布具体时间。

　　此前,无论 ARJ21 还是 C919,都是中国商飞自主研制,为何 C929 要进行中俄联合研制?航空业内专家表示,C919 是窄体单通道客机,中国此前研制"运十"、代工建造麦道系列客机,已经为单通道客机的研制积累了不少经验。但宽体客机是一个全新的领域,中国此前从未涉足,缺乏技术经验。

　　俄罗斯作为航空制造老牌强国,拥有丰富的技术积累,也有过宽体客机的研制经历。20 世纪 80 年代,苏联就研制了一款名伊尔-96 的四发大型喷气式客机,1988 年首次试飞,1993 年投入商业运营,最大起飞重量为 250 吨,可以载客 235~300 人,航程 9000~1.15 万公里。伊尔-96 在指标上接近空客 A340 和波音 777,但是性能上、经济性上仍有较大差距。实际上从苏联到俄罗斯,很早就有伊尔-96 客机的改进计划,即开发伊尔-98 客机,主要就是用两部大推力涡扇发动机替代现有的四部发动机,从而提高飞机的经济性。但是因为缺乏经费,这个计划一直处于停顿状态。如今宽体客机市场已经被波音和空客垄断,俄罗斯早已退出该领域竞争舞台,不管是俄罗斯意图重新回归,还是中国要实现从无到有的探索,中俄合作,无疑是打破垄断、加入竞争行列的最佳途径。

　　资料来源:徐蒙. C929 揭开神秘面纱,中俄联合研制宽体客机首次公布细节. 上观新闻,2016-11-02.

第二章　飞机结构与飞行原理

学习要点

- 飞机的结构组成
- 机载系统的功能
- 国际标准大气的特性
- 飞机升力产生的原理
- 飞行阻力的类型

飞机是一个庞大而复杂的系统,飞机自诞生以来,结构形式虽然在不断变化,飞机机型也不断增多,但飞机的基本结构与飞行原理具有共性。

第一节 飞机结构

到目前为止,除了极少数特殊形式的飞机之外,大多数飞机结构是由机身、机翼、尾翼、起落架和动力装置组成,如图2-1所示。

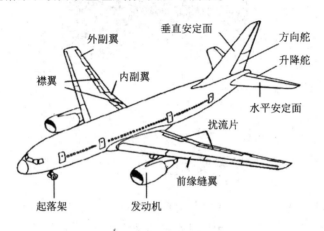

图2-1 飞机结构

一、机身

机身是飞机的一个重要部件,主要用于装载和传力。它的主要功用为:

第一,安置空勤人员、乘客,装载燃油、武器、设备和货物等。

第二,把机翼、尾翼、起落架及发动机连接在一起,形成一架完整的飞机。

一架飞机的载运能力取决于它的结构强度。飞机上的地板都是在支撑梁构成的网上镶嵌地板而形成的,见图2-2。支撑梁网络是

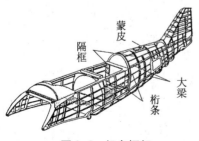

图2-2 机身框架

由每一根骨架引出的横梁与前后纵梁交叉在一起组成的。这样地板上承受的旅客、货物等的重量就转移到主机身结构上去了。机身结构再把重量转移到机翼上。当空气作用于机翼上的升力大于机翼的负荷时，飞机就飞起来了。

从空气动力学角度看，机身并不是必要的。如果机翼很大，能将所有设备和乘员都装入其内，那么可以取消机身。这样的飞机称为飞翼。但目前民航飞机上，机身依然是飞机的主要组成部分。

二、机翼

机翼是飞机的重要部件之一，安装在机身上。其最主要作用是产生升力，以支持飞机在空中飞行，也起一定的稳定和操纵作用。在机翼上一般安装有副翼、襟翼、扰流片。有的飞机机翼上还装有前缘缝翼、翼梢小翼等装置。

（一）副翼

副翼是用于飞机横向操纵的翼面，为飞机的主操作舵面，飞行员向左转动驾驶盘，左边副翼上偏，右边副翼下偏，飞机向左滚转；反之，向右转动驾驶盘，右副翼上偏，左副翼下偏，飞机向右滚转。副翼一般安装于机翼后缘的外侧，其本身外形是一块比较狭而长的翼面，翼展长而翼弦短。副翼的翼展一般占整个机翼翼展的 1/6 到 1/5，其翼弦占整个机翼弦长的 1/5 到 1/4。

（二）襟翼

襟翼是机翼边缘部分的一种可动翼面，襟翼通常安装在机翼后缘，在副翼的内侧，可向下偏转或（和）向后滑动。在机翼上安装襟翼可以增加机翼面积，改变机翼弯度，提高机翼的升力系数，从而在飞行中增加升力。襟翼可以改善飞机低速飞行性能，主要用于飞机起飞和降落阶段。

（三）扰流片

扰流片一般安装在机翼的上表面，由液压驱动。当它打开时可以起到增加阻力、减少升力的作用，也叫作减速板，见图 2-3。

图 2-3　扰流片

（四）前缘缝翼

前缘缝翼是安装在机翼前缘的一段或者几段狭长小翼，是靠提高临界迎角使升力增加的一种增升装置。前缘缝翼的工作原理如图 2-4 所示。

在前缘缝翼闭合时(即相当于没有安装前缘缝翼),随着迎角的增大,机翼上表面的分离区逐渐向前移,当迎角增大到临界迎角时,机翼的升力系数急剧下降,机翼失速。当前缘缝翼打开时,它与基本机翼前缘表面形成一道缝隙,下翼面压强较高的气流通过这道缝隙得到加速而流向上翼面,增大了上翼面附面层中气流的速度,降低了压强,消除了这里的分离旋涡,从而延缓了气流分离,避免了大迎角下的失速,使得升力系数提高。因此,前缘缝翼的作用主要有两个:一是延缓了机翼上的气流分离,提高了飞机的临界迎角,使得飞机在更大的迎角下才会发生失速;二是增大机翼的升力系数。其中增大临界迎角的作用是主要的。这种装置在大迎角下,特别是接近或超过基本机翼的临界迎角时才使用,因为只有在这种情况下,机翼上才会产生气流分离。

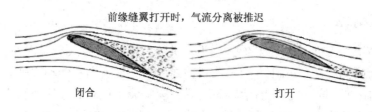

前缘缝翼打开时,气流分离被推迟

闭合   打开

图 2-4　前缘缝翼

(五)翼梢小翼

翼梢小翼是装在飞机机翼梢部的一组直立的小翼面。飞机正常飞行时的升力是靠机翼上下表面的压力差产生的。由于上下表面压力差的存在,翼尖附近机翼下表面的空气会绕流到上表面,形成翼尖涡流。翼梢小翼通过削弱翼尖绕流从而减少机翼的诱导阻力,见图 2-5。飞机的诱导阻力约占巡航阻力的40%。翼梢小翼能使全机诱导阻力减小 20%~35%,相当于升阻比提高 7%。翼梢小翼作为提高飞行经济性、节省燃油的一种先进空气动力设计措施,已在民航运输机上广泛采用。

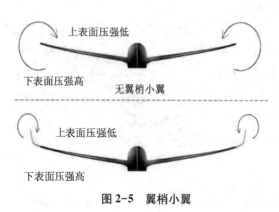

上表面压强低

下表面压强高　无翼梢小翼

上表面压强低

下表面压强高

图 2-5　翼梢小翼

飞机机翼上除了安装副翼、襟翼、扰流片、前缘缝翼、翼梢小翼等装置外,还可安装发动机、起落架等其他部件。机翼内部空间常用来收藏主起落架或其他部分结构和储放燃油。特别是民用飞机,为了保证乘客安全,很多飞机不在机身内储存燃油,而全部储放在机翼内。为了最大限度地利用机翼容积,同时减轻重量,现代飞机的机翼油箱大多采用利用机翼结构构成的整体油箱。此外机翼内也常安装有操纵系统和一些小型设备及附件。

三、尾翼

尾翼的主要功用是用来保证飞机的纵向和方向的平衡与稳定性,以及实施对飞机的纵向和方向的操纵。一般飞机的尾翼由水平尾翼(简称平尾)和垂直尾翼(简称垂尾)两部分组成。

正常式水平尾翼(如低速飞机、亚音速飞机)包括固定的水平安定面和可动的升降舵。升降舵的上下偏转改变水平尾翼上的升力大小,分别使飞机转入上升或下降飞行。超音速飞机为了改善在高速飞行中的纵向操纵性,大多采用全动水平尾翼,此时水平尾翼是一个可操纵的整体活动面。

垂直尾翼包括固定的垂直安定面和可动的方向舵。方向舵的左右偏转改变垂直尾翼上侧力的大小,使飞机向左或向右偏转。

四、起落架

起落架是飞机起飞、着陆、滑跑、地面移动和停放所必需的支持系统,现代民航飞机的起落架是轮式起落架,轮式起落架的形式有四种:前三点式、后三点式、自行车式、多支点式。

(一)前三点式起落架

现代飞机上使用最广泛的是前三点式起落架。两个主轮保持一定间距左右对称地布置在飞机质心稍后处,前轮布置在飞机头部的下方。飞机在地面滑行和停放时,机身地板基本处于水平位置,便于旅客登机和货物装卸。重型飞机用增加机轮和支点数目的方法减低轮胎对跑道的压力,以改善飞机在跑道上的起降滑行能力。

(二)后三点式起落架

后三点式起落架特点是两个主轮(主起落架)布置在飞机的质心之前并靠近质心,尾轮(尾支撑)远离质心布置在飞机的尾部。后三点式起落架结构简单,尺寸、质量较小,特别适合于装有活塞式发动机的低速飞机上使用。尤其是单发活塞式发动机飞机,可以使机头的螺旋桨保持较高的离地距离。但这种起落架由于地面转弯不够灵活、着陆操纵困难等因素,不能用于高速的喷气式飞机。

(三)自行车式起落架

自行车式起落架是两组主轮安装在机身前后位置,机翼上装有两个辅助支持轮。这种起落架形式适用于当机翼很薄或位置较高时,机轮不易收藏在机翼内;同时,机身空间相对较大、收藏容易的情况。其缺点是低速滑行时飞机容易向两侧倾倒。这种形式的起落架用得较少。

(四)多支点式

多支点式起落架的布置形式与前三点式起落架类似,飞机的重心在主起落架之前,但其有多个主起落架支柱,一般用于大型飞机上,如 B747、A380 等。采用多支点式可以使飞机局部载荷减小,有利于受力结构布置,还能够减小机轮体积,从而减小起落架的收放空间。

五、动力装置

飞机动力装置主要用来产生拉力或推力,从而使飞机能够在空中以规定的速度飞行。动力装置由发动机、推进剂或燃料系统以及保证发动机正常有效工作所需要的导管、附件、仪表和飞机上的固定装置等组成。动力装置的核心部件是发动机,所以通常用发动机指代动力装置。

飞机上采用的发动机类型可分为两大类:一类为活塞式发动机,广泛应用在小型训练飞机中。这种构型的发动机中,气体的燃烧和扩张推动气缸里的活塞做往复运动,往复运动被连杆和曲轴转化成旋转运动,通过齿轮变速或直接带动螺旋桨产生拉力。另外一类为涡轮喷气发动机,它用在大型、高速的民航客机和军用飞机中。这种构型中,气体被连续地压缩、燃烧并扩张,驱动涡轮旋转并向后喷出,产生推力。在涡轮喷气发动机的基础上,又衍生出涡轮螺桨发动机、涡轮轴发动机和涡轮风扇发动机。

发动机带动的发电机为飞机上用电设备提供电源,从发动机引入的高压热气流可用于座舱加温或空调系统。

第二节 机载系统

一、飞行控制系统

飞行控制系统分为人工飞行控制系统和自动飞行控制系统两大类。由驾驶员通过对驾驶杆和脚蹬的操纵实现控制任务的系统，称为人工飞行控制系统。不依赖于驾驶员操纵驾驶杆和脚蹬指令而自动完成控制任务的飞控系统，称为自动飞行控制系统。

人工飞行控制系统由控制与显示装置、传感器、飞控计算机、作动器、自测试装置、信息传输链及接口装置等组成。

自动飞行控制系统由自动驾驶仪、自动油门杆系统、自动导航系统、自动进场系统和自动着陆系统等构成。

二、飞行操纵系统

飞行操纵系统通常可划分为主操纵系统和辅助操纵系统。主操纵系统用来操纵副翼、方向舵和升降舵，以改变或保持飞机的飞行姿态；辅助操纵系统用来操纵襟翼、缝翼、扰流板、水平安定面等活动面，以分别达到增加升力（襟翼和缝翼）、减速、扰流卸升及纵向配平等目的。

中小型飞机的飞行主操纵系统一般属于无助力机械传动式系统，即由飞行员的体力提供与主操纵面偏转后产生的枢轴力矩相抗衡的力矩；而辅助操纵系统则是机械传动或电动。大型飞机的飞行操纵系统通常采用液压助力操纵。

三、液压传动系统

飞机大型化以后，一对副翼的重量就可达 1 吨以上，驾驶员操纵控制各操纵面仅凭体力去扳动驾驶杆、踏踩脚蹬、拉动钢索使副翼或方向舵转动，那是绝对办不到的了。此时飞机上就出现了传动机构。飞机上的绝大部分传动机构采用的是液压传动系统。

四、电气系统

飞机电气系统由供电系统和用电设备组成。其中，供电系统又分为发电系统和配电系统两大部分。发电系统又称电源系统，其作用是在飞机上产生和变换电能。发电系统至少应包括主电源、二次电源和应急电源 3 部分,有时还包括辅助电源和/或备份电源。配电系统的作用是把发电系统所产生的电能传输和分配到分布在飞机各处的用电设备上,并进行电力及负载管理。它由电网、配电装置和电网保护装置等组成。配电系统也可分为主配电、二次配电、应急配电 3 部分。用电设备则利用电能工作,以达到操纵舵面、照明、加温、通信等特定的目的。

五、燃油系统

在现代飞机上,装满油的飞机燃油系统占飞机起飞质量的 30%~60%。飞机燃油系统的作用,首先是在飞机上储存燃油,保证在规定的飞行条件(如飞行高度、飞行姿态)下,按照要求的压力和流量连续可靠地向发动机供给燃油;其次是调整飞机重心,使飞机重心保持在允许范围之内;最后是热管理,用燃油来冷却诸如液压、环境控制和发动机滑油等系统。现代飞机燃油系统由油箱、地面加油、输油、供油、放油、通气增压、防爆、油量测量和指示、空中加油等分系统组成。

六、座舱环境控制系统

现代民航客机的飞行高度可达到一万米以上,在此高度下外界环境不适合人的生存。座舱环境控制系统可以在各种飞行条件下,使飞机座舱内空气压力、温度、湿度、洁净度及气流速度等参数适合人体生理卫生要求,保证乘员的舒适及生命安全。座舱环境控制系统通常由气源、冷却、压力调节、温度调节和空气分配等分系统构成。在正常情况下,座舱环境控制系统从发动机等设备引出热空气,利用冷却组件产生冷路空气,通过冷热路空气的混合比例控制通往飞机座舱的空气温度,并通过控制座舱的排气量调节座舱的压力及压力变化率,以创造适宜的环境。

七、氧气系统

随着飞行高度的增加,飞机乘员将面临高空缺氧的威胁。在海拔 3000~4000m 高度长时间飞行时,缺氧症通常表现为头痛和疲倦,属于轻度缺氧;在海拔 4500m 飞行时,缺氧症表现为嗜睡、嘴唇和指甲发紫、视力和判断力下降,属于中度缺氧;在海拔 6500m 以上飞行时,缺氧症表现为惊厥、丧失意识直至死亡。因此,飞机在高空飞行时客舱必须呈密封状态,保持一定的压力和氧气,一旦客舱失密,人体将会受到严重缺氧威胁。飞机氧气系统能够提供给乘员充足的氧气以保证安全。飞机氧气系统一般由高压氧气瓶、减压活门、氧气关断活门、氧气调节器和氧气面罩等组成。

第三节　飞机的飞行环境

包围地球的大气是飞机的唯一飞行活动环境。飞机的空气动力特性和发动机性能与大气的物理性质(温度、压强、密度等)密切相关。因此,要分析飞机的载重性能就需要了解大气的相关特性。

一、大气的分层

大气是由多种气体混合而成的纯干空气、水蒸气以及尘埃颗粒组成的。以大气中温度随高度的分布为主要依据,可将大气层划分为对流层、平流层、中间层、暖层和散逸层(外大气层)五个层次。飞机的飞行环境是对流层和平流层底部。

对流层是大气中最低的一层。它的底界是地面,而顶界则随纬度、季节而变化。在赤道地区,对流层的厚度约为16km,而极地地区则减小到8km,在中纬度地区平均为11km。对流层气温随高度的增加而降低,气温、气压的变化造成空气在垂直方向和水平方向的强烈对流。

对流层集中了全部大气约 3/4 的质量和几乎全部的水汽,是天气变化最复杂的层次,也是对飞行影响最重要的层次。飞行中所遇到的各种重要天气现象几乎都出现在这一层中,如雷暴、浓雾、低云幕、雨、雪、大气湍流、风切变等。

平流层位于对流层之上,顶界离地约50km。在平流层的下半部气温几乎不变,平均在-56.5℃左右。当高度达到20km以上时,气温又开始上升直到0℃左右,这是因为臭氧吸收太阳紫外线而引起的升温作用。在这层大气中,天空清晰湛蓝,几乎不存在水蒸气,没有云、雨、雾、雪等天气情况,只有水平方向的风,没有空气的上下对流。平流层的底部是民用飞机比较理想的飞行空间。

在平流层之上,还有中间层、暖层以及散逸层,由于它们的高度均超出了民用飞机的正常飞行极限,因此,这些层对于民用航空活动来说,就显得不重要了。

二、大气的性质

(一)大气密度

大气密度是指单位体积内的空气质量。大气和其他物质一样,是由分子所组成。大气的密度大,说明单位体积内的空气分子多,比较稠密;反之,大气密度

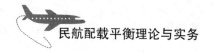
小,说明空气比较稀薄。

高度增加,大气密度减小。例如:在海平面、压力 1013.25hPa、温度 15℃时的大气密度为 1.225kg/m³;而在 22 000ft(6705m)的高空,大气密度约降为海平面密度的一半。

(二)大气压力

大气压力即气压是指大气的压强,即物体单位面积上所承受的大气的垂直作用力。从数值上来说,在静止的大气中,大气压力就是物体单位面积上所承受的空气柱的重量。显然,这个重量是非常大的,在海平面,人体上的压强可以达到 15lb/in²,或约 20 吨的压力。人体之所以没被压垮是因为人体内部也存在着同样的压力,实际上,如果这个压力被突然释放的话,人体将会爆炸。

随着高度增加,大气压力减小。这就是为什么在爬高山时,有人感到喘不过气来,人是依靠身体内外的压力差将大气吸入的,当外界大气压力较低时,人很难吸入大气。在 18 000ft(5486m)的高度上,气体压力约为海平面压力的一半(500hPa),人体吸入的氧气也只有海平面的一半。在这个高度上,人的反应将明显低于正常水平,可能出现意识的丧失。实际上,在 10 000ft(3048m)的高度,大部分人的反应将受到缺氧的影响;在 34 000ft(10 363m)的高度上,压力只有250hPa。因此在高空飞行时,必须使用氧气设备或增压座舱,以使气压和氧气维持在一个正常的范围。

对流层中的气压随高度的变化近似为线性变化,高度每增加 1000ft(304.8m)气压降低约 1inHg。

(三)大气温度

大气温度是指大气的冷热程度。大气温度的高低,实质上表明了空气分子做不规则运动的平均速度大小。在 11km 以下的对流层中,高度增加,气温降低,近似为线性变化。气温降低的数值,随地区、季节、高度的不同而有所差异。就平均而言,高度每升高 1 km,气温降低约 6.5℃。

三、国际标准大气

大气的物理性质经常随着季节、时间、地理位置、高度的不同而变化。大气状态的变化,会使飞机上产生的空气动力发生变化,从而使飞机的飞行性能也随之变化。因此,同一架飞机在不同的大气条件中飞行的性能是不一样的。为了便于计算、处理和分析飞机的性能参数,就必须以不变的大气状态作为基准。为此,国际民航组织(ICAO)以北半球中纬度地区(北纬35°～60°)大气物理特性的平均值为依据,加以适当修订,制定了国际标准大气。此时,空气是理想气体,并满足理想气体状态方程 $P = \rho RT$,式中 P 为大气压强(N·m²),ρ 为大气密度(kg/m³),T 为大气温度(K),R 为气体常数,R = 287.06(N·m)/(kg·K)。

国际标准大气(International Standard Atmosphere),简称 ISA,是人为规定的一个大气环境,作为计算和试验飞机的统一标准,它的具体参数如下:

海平面高度为0,这一海平面称为 ISA 标准海平面。

海平面气温为 288.15°K、15℃或 59°F。

海平面气压为 1013.25mbar 或 1013.25hPa 或 29.92inHg 或 760mmhg,即标准海压。

海平面音速为 340.29m/s。

海平面大气密度为 1.225 kg/m³。

对流层高度为 11km 或 36 089ft。

对流层内标准温度递减率为,每增加 1 km 温度递减 6.5℃,或每增加 1000ft 温度递减 2℃。

在 11～20km 的平流层底部气体温度为常值:−56.5℃或 216.65°K。

为了方便使用,国际民航组织按高度提供国际标准大气的各参数,形成国际标准大气表,如表 2-1 所示。

表 2-1　国际标准大气简表

高度(H)		温度(T)	压力(p)	密度(ρ)	音速(a)
m	ft	℃	hPa	kg/m³	m/s
0	0	15	1013.25	1.225 0	340.29
1000	3281	8.501	898.76	1.111 7	336.43
2000	6562	2.004	795.01	1.006 6	332.53
3000	9843	−4.491	701.21	0.909 25	328.58
4000	13 123	−10.984	616.60	0.819 35	324.59
5000	16 404	−17.474	540.48	0.736 43	320.55
6000	19 685	−23.963	472.17	0.660 11	316.45
7000	22 966	−30.45	411.05	0.590 02	312.31

续表

高度（H）		温度（T）	压力（p）	密度（ρ）	音速（a）
m	ft	℃	hPa	kg/m³	m/s
8000	26 247	−36.935	356.51	0.525 79	308.11
9000	29 528	−43.417	308.00	0.467 06	303.85
10 000	32 808	−49.898	264.99	0.413 51	299.53
11 000	36 089	−56.376	226.99	0.364 80	295.15
12 000	39 370	−56.5	193.99	0.311 94	295.07
13 000	42 651	−56.5	165.79	0.266 60	295.07
14 000	45 932	−56.5	141.70	0.227 86	295.07
15 000	49 213	−56.5	121.11	0.194 76	295.07
16 000	52 493	−56.5	103.52	0.166 47	295.07
17 000	55 774	−56.5	88.50	0.142 30	295.07
18 000	59 055	−56.5	75.65	0.121 65	295.07
19 000	62 336	−56.5	64.67	0.104 00	295.07
20 000	65 617	−56.5	55.29	0.088 910	295.07
21 000	68 897	−55.569	47.29	0.075 715	295.70
22 000	72 178	−54.576	40.48	0.064 510	296.38
23 000	75 459	−53.583	34.67	0.055 006	297.05
24 000	78 740	−52.59	29.72	0.0469 38	297.72
25 000	82 021	−51.598	25.49	0.040 084	298.39
26 000	85 302	−50.606	21.88	0.034 257	299.06
27 000	88 583	−49.614	18.80	0.029 298	299.72
28 000	91 864	−48.623	16.16	0.025 076	300.39
29 000	95 144	−47.632	13.90	0.021 478	301.05
30 000	98 425	−46.641	11.97	0.018 410	301.71

四、实际大气与国际标准大气转换

飞机飞行手册中列出的性能数据通常按国际标准大气温度和压力高度给出,而实际大气很少有和国际标准大气完全吻合的,因此,在使用飞机性能图表时,时常需要进行实际大气与国际标准大气的转换。

(一)压力高度

压力高度(Pressure Altitude),也称气压高度,指根据高度表实际测得的气压在国际标准大气表上对应的高度。高度表是一种气压计,环境大气压力是高度表的唯一输入参数。

【例1】 飞机在距地面 10 000m 的高空中飞行,外界大气压强为 226.99 hPa。求此时飞机的真实高度和压力高度。

解:

真实高度为飞机所在位置到其正下方地面的垂直距离,等于飞机的绝对高度减去当地地形的高度,所以,此时飞机的真实高度为 10 000m。

查阅国际标准大气表,当大气压强为 226.99 hPa 时,对应的国际标准大气高度为 11 000m。所以,此时飞机的压力高度为 11 000m。

(二)ISA 偏差

ISA 偏差是指确定地点的实际温度与该处 ISA 标准温度的差值。

【例2】 已知某机场温度 20℃,机场压力高度 2000 ft。求该机场的 ISA 偏差。

解:

在压力高度为 2000 ft 的机场处,ISA 温度应为

$$T_{标准} = 15 - (2/1000) \times 2000 = 11℃$$

而实际温度为

$$T_{实际} = 20℃$$

所以,ISA 偏差为

$$ISA_{偏差} = T_{实际} - T_{标准} = 20℃ - 11℃ = 9℃$$

此时,实际温度表示为:ISA+9℃

在学习了压力高度和 ISA 偏差后,下面举例说明实际大气与国际标准大

转换的应用。

【例3】 某飞机起飞重量900kg,襟翼10挡位,离地速度为58空速时,起飞滑跑距离情况见表2-2。试求:①机场压力高度为2000ft、机场温度为11℃时,该飞机的起飞滑跑距离。②机场压力高度为2000ft、机场温度为18℃时,该飞机的起飞滑跑距离。

表2-2

温度(℃)	距离(ft)	压力高度(ft)				
		0	2000	4000	6000	8000
ISA-20	起飞滑跑距离	440	505	580	675	785
ISA	起飞滑跑距离	520	600	695	810	950
ISA+20	起飞滑跑距离	615	710	825	965	1130

解:

(1)在压力高度为2000 ft的机场处,ISA温度为11℃,因此,机场实际温度表示为ISA+0,查表可得,此时该飞机起飞滑跑距离为600ft。

(2)在压力高度为2000 ft的机场处,ISA温度为18℃,因此,机场实际温度表示为ISA+7,查表可得,2000ft压力高度下,温度为ISA时,起飞滑跑距离为600ft;温度为ISA+20时,起飞滑跑距离为710ft。

设ISA+7时,起飞滑跑距离为L,应用线性插值法,列式得:

$$\frac{20-0}{710-600}=\frac{20-7}{710-L} \qquad L=638.5ft$$

第四节 飞行中的升力和阻力

飞机必须产生大于自身重力的升力才能升空飞行,因此,分析飞机的载重性能也需要了解飞行中升力和阻力的情况。

一、流体运动定理

(一)连续性定理

从日常生活中的经验可知,河水在河道窄的地方流速快,而在宽的地方流得慢。山谷中的风经常比平原开阔的地方来得大。夏天乘凉时,我们总喜欢坐在两座房屋之间的过道中,因为那里风比较大。这些现象都是流体"连续性定理"在自然界中的表现。

质量守恒定律是自然界基本的定律之一。它说明物质既不会消失,也不会凭空增加。如果把这个定律应用在流体的流动上,就可以得出这样的结论:当液体稳定、连续不断地流动时,流管里的任一部分流体都不能中断或积累,在同一时间内,流进任何一个截面的流体质量和从另一个截面流出的液体质量应当相等,这就是连续性定理,见图 2-6。

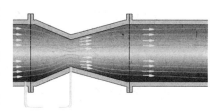

图 2-6　连续性定理示意

因此,当流体以稳定的流速在管道中流动时,流体流速与横截面积成反比,即流体在横截面的管道中流动时,截面积大的地方流速低,而截面积小的地方流速高。流体的连续性定理阐述的是流体的流速与管道横截面积之间的关系。

(二)伯努利定理

伯努利定理是描述流体在流动过程中压强和流速之间的关系。它是研究气流特性和在飞行器上产生空气动力的物理原因及其变化的基本定理。

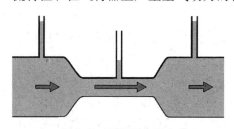

图 2-7　伯努利定理实验

流体的流动速度与压强之间的关系,可用实验说明,如图 2-7 所示,试验管管径是中间窄两头宽,它与压力计的各玻璃细管相连通。当流体静止时,在试验管的各个截面上的流体压强相同,所以在玻璃管道中压强指示剂的液面高度相同;但当流体稳定地、连续地流过试验管道时,情况就不同了。观察测压管中指示剂的液面高度发现:液面的高度发生变化,管道直径小的地方指示剂液面要比管道直径大的地方指示剂液面低。这一事实表明,流速大的地方流体压强小;流速小的地方,流体的压强大。流体压强随流速变化的这一关系即称为伯努利定理。

结合连续性定理,在流体流动过程中要获得不同的压强,可以通过改变管道横截面积来实现,横截面积变大时,压强变大;横截面积变小时,压强变小。

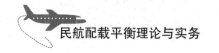

二、飞机的升力

（一）相对气流

相对气流是空气相对于物体的运动。相对气流的方向与物体运动方向相反。飞机的相对气流就是空气相对于飞机的运动,因此,飞机的相对气流方向与飞行方向相反。

（二）翼剖面形状

飞机上的大部分升力是由飞机大翼产生的。为了简化问题,我们使用翼型来代表机翼研究它的升力。翼型就是把机翼沿平行机身纵轴方向切下的剖面,机翼的翼型是流线型的,上表面弯度大,下表面弯度小或是平面。

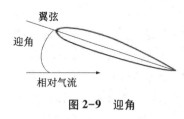

不对称双凸翼型

平凸翼型

对称双凸翼型

图 2-8　各种不同的翼剖面

翼剖面最前端的一点叫前缘,最后端的一点叫后缘,翼型前缘与后缘之间的连线称为翼弦(又叫弦线)。翼剖面形式主要有:不对称双凸翼型、平凸翼型及对称双凸翼型,如图 2-8 所示。

（三）迎角

翼弦

迎角

相对气流

图 2-9　迎角

相对气流方向与翼弦之间的夹角称为迎角,用 a 表示,如图 2-9 所示。相对气流方向指向翼弦下方为正迎角;相对气流方向指向翼弦上方为负迎角;相对气流方向与翼弦平行为零迎角。飞行中飞行员可通过前后移动驾驶盘来改变飞机的迎角大小或正负。飞行中经常使用的是正迎角。飞行状态不同,迎角的大小一般也不同。在水平飞行时,飞行员可以根据机头的高低来判断迎角的大小:机头高,迎角大;机头低,迎角小。

（四）机翼上的升力

以双凸型机翼为例,飞机以一定的迎角飞行,空气流过双凸型机翼时,空气流到机翼的前缘,分成上下两股气流,分别沿机翼的上下表面流过,在机翼后缘重新汇合后向后流去。由于机翼上表面比较凸出,因此机翼上方气流通道相对压缩,机翼下方气流通道相对扩张,由连续性定理可知,机翼上方气流流速相对较快,机翼下方气流流速相对较慢,根据伯努利定理,机翼上下表面出现了压强差,因而产生了升力,升力的方向垂直于相对气流的方向。机翼升力的作用点,即升力作用线与翼弦的交点,称为压力中心。机翼向前运动时,空气必然会产生阻力。阻力和升力的合力形成了向上且向后的力,叫作空气动力,如图2-10所示。

随着机翼迎角的增大,升力也增大,但迎角不能无限制地增大,因为迎角过大,在机翼上表面的气流就不再沿着机翼表面流动,而脱离机翼上表面,形成大量旋涡现象,叫作涡流。随着涡流的扩大,机翼上升力会突然降低,而阻力迅速增大,这种现象称为失速,见图2-11。失速刚刚出现时的迎角称为临界迎角,又称为失速迎角。飞机不应以大于或接近临界迎角的迎角飞行,因为这样会使飞机失去升力的支持,即陷入深度失速,而发生螺旋下降的现象,造成危险。这时,飞机绕其本身的纵轴旋转垂直下降,飞机重心的运动轨迹是一条螺旋曲线。如果有足够的高度,驾驶员可以从螺旋中改正出来,否则可能会发生危险。

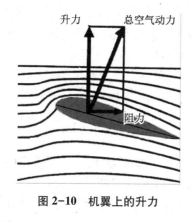

图 2-10 机翼上的升力

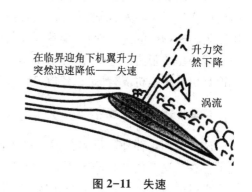

图 2-11 失速

三、飞机的阻力

飞机在空中飞行时,除了产生升力外,还会产生阻力。它的方向与飞机的运动方向相反,起着阻碍飞机前进的作用。

按产生阻力的原因来分析,低速飞机上的阻力有:摩擦阻力、压差阻力、诱导阻力和干扰阻力等。

(一)摩擦阻力

空气流过机翼时,紧贴机翼表面的一层空气,其速度恒等于零,就好像粘在机翼表面一样。当这些流动的空气受到了机翼表面给它的向前的力作用时,由牛顿第三定律可知,这些速度为零的空气也必然给机翼表面一个反作用力,这个反作用力就是摩擦阻力。

摩擦阻力的大小,取决于空气黏性、飞机表面的状况以及同气流接触的飞机表面面积。空气的黏性越大,飞机表面越粗糙,飞机与空气的接触面积越大,摩擦阻力就越大。

为了减小摩擦阻力,在飞机的制造过程中,应把它的表面做得很光滑。如有必要还得把它打磨光,消除飞机表面上的一切小凸起物。尽可能缩小飞机暴露在气流中的表面积。飞机也做定期的清洁维护,清除表面的灰尘,减少摩擦阻力,并保护飞机蒙皮。

(二)压差阻力

气流流过机翼的过程中,在机翼前缘,气流受到阻挡,流速减慢,压力增大;而在机翼后缘部分也会产生附面层分离形成涡流区,压力减小。这样在物体的前后便产生了压力差,形成阻力。这种由于前后压力差形成的阻力叫压差阻力。压差阻力同物体的迎风面积、形状和在气流中的位置都有很大关系。

减小压差阻力的办法是:把暴露在气流中的所有部件都做成流线型。飞机无论是机身还是机翼,都被设计成流线外形,减小压差阻力。

(三)诱导阻力

诱导阻力是伴随着机翼升力的产生而产生的。如果没有升力,诱导阻力也就不存在。这个由升力诱导产生的阻力,称为诱导阻力(又叫感应阻力)。

飞机的诱导阻力主要来自机翼。当机翼产生升力时,根据作用与反作用定律,必然有一个反作用力,由机翼作用到气流上,它的方向向下,所以使气流向下转折一个角度,使原来的迎角减小,因而导致升力也向后倾斜一个角度,此升力在水平方向有一个投影分量,即为诱导阻力。诱导阻力的大小与机翼的平面形状、翼剖面形状、展弦比以及升力的大小有关,椭圆形平面形状和大展弦比的机翼的诱导阻力较小。

(四)干扰阻力

飞机的各个部件,如机翼、机身、尾翼等,单独放在气流中所产生的阻力的总和并不等于,而且往往小于把它们组成一个整体时所产生的阻力。这就是由于飞机各部件因气流流动时互相干扰所引起的额外阻力,称为干扰阻力。

为了减小干扰阻力,在这些部件连接处加装流线型整流片,使得连接处圆滑过渡,尽可能减少涡流的产生。

四、升力和阻力的公式

升力和阻力是在飞机与空气之间的相对运动中产生的。影响升力和阻力的基本因素有:飞行速度、空气密度、机翼面积以及机翼的迎角。飞机飞行速度越大,升力和阻力也越大。当速度增大到原来的两倍,升力和阻力则增加到原来的四倍,即升力和阻力与飞行速度的平方成正比。另外,升力和阻力与空气密度、机翼面积、升力及阻力系数成正比。机翼剖面的形状和迎角的影响通过升力系数和阻力系数表现出来。

升力和阻力的公式如下:

$$Y = C_y \frac{1}{2} p V^2 S$$

$$Q = C_x \frac{1}{2} p V^2 S$$

(Y:升力,Q:阻力,C_y:升力系数,C_x:阻力系数,p:空气密度,V:飞行速度,S:机翼面积)

注意:升力的方向与阻力的方向不同,升力的增加或减少,并不会因阻力的增加或减少而被抵消。

 习题与思考

1. 飞机机体结构各部件的功能是什么?

2. 副翼、襟翼、扰流片、前缘缝翼、翼梢小翼在飞行中各起什么作用?

3. 起落架的形式有几种?

4. 介绍飞机各机载系统的基本情况。

5. 介绍大气环境对飞机性能的主要影响。

6. 已知某日某机场温度20℃,机场大气压强898.76hPa。该机场规定温度每高于ISA1℃,飞机需要减载500kg。问当日该机场飞机是否需要减载飞行?

7. 飞机的升力是如何产生的?

8. 分析飞行中阻力的成因。

9. 影响飞行升力和阻力的因素有哪些?

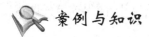
案例与知识

性能工程师：他们也是最了解飞机的人

航空公司里有这么一个小群体，全国加起来只不过百人之众，他们不开飞机、不修飞机，但每一条航线的开通都要经过他们的评估，他们在业内被称为"性能工程师"。曾经，他们的工作基本上是围绕航线安全的可行性开展的，也就是按照规章的要求，分析制作起飞着陆性能分析表，制作起飞一发失效应急程序，空中释压和发动机失效的处置预案等。如今，他们穿梭于公司运行的各个环节，从飞机选型到航线设计，从精确销售到飞机排班，从实时支援到航后分析，尽管只是一个小小的行当，却支撑着航空公司精细化运行的大前景。

飞机选型中的性能分析

如今的航空市场已经逐步开始从卖方市场向买方市场转变了，不再是制造商卖什么飞机我们就用什么飞机。随着中国航空公司的发展壮大，它们也越来越重视飞机选型的评估，其中很重要的一项工作就是对飞机性能的评估。

制造商在销售飞机时通常都会主动提供飞机的性能信息，这被称为广告性能，广告性能一般会使用一张很直白的业载航程图或满客示意图来展示。实际上，广告性能中的业载航程图并未考虑飞机重量、燃油政策、备降场政策、机场和空域运行环境、飞机性能衰减等客户实际运行的差异。因此，完全依赖广告性能数据会造成购买预期和实际运行能力之间的差异。因此，性能工程师在参与选型分析时，会根据预期航线的起降机场条件、周边机场情况、航线统计风温数据对广告性能中的数据进行校核，从而获得与公司运行情况匹配的预期航程和载量。

除了对广告性能的详细甄别，在飞机选型中还会涉及一些很重要的构型或性能选择，比如发动机推力等级、短跑道增强性能、飞机起降高度、起飞推力使用时间限制、结构限制重量等，这些性能通常都是与价格呈直接正比关系，选低了可能造成运行中限制载量，选高了可能造成资金浪费。例如，公司计划以高原机场短航线为主，则应偏重于选择大推力小重量的飞机；如公司计划以平原机场长航线为主，则应偏重于选择小推力大重量的飞机。通过将公司网络布局与飞机性能进行恰当比对，可以有效降低选型风险。

支持精细化预售

随着航空公司的航线布局逐步精细化，航班可供载量受限的问题也表现得越来越明显。如由昆明、兰州、西宁等特殊机场起飞的长航线航班，飞机性能表现的日差异幅度较大。以往公司预售的数据只区分冬春航季(11月到3月)和夏秋航季(4月到10月),也就是说一年只有两套预售数据,但即使同是夏秋季,机场和航路的风温条件都有很大的差异,从而导致航班预售载量与当日可供载量之间存在明显差异。比如,海航的737-800机型执飞的兰州—深圳航线,4月和7月的载量差异可高达3吨。当班可供载量超过预售载量,会造成航班业载的虚耗;当班可供载量低于预售载量时,会造成当班超售的情况,影响公司的服务和效益。全服务型航空公司通常会为整个航季制定一个保守的预售载量,从而导致部分时段可供业载的浪费,因此,尽可能更早更细致地对预售载量进行预估可以提高公司的收益。

通过采集、统计、分析公司运行积累的大量数据,包括航班起降时刻的参考温度、航班历史载运率、旅客行李重量等信息,按照起降时刻温度计算精确的航班载量数据,充分利用同一季节中不同月份、每月中各周的温度差异,以及每天不同时刻的温度差异,从而获得更为精准的起飞性能限制,最终实现按月或周提供航班预售载量的目标。海航通过优化工作流程、研发航线载量控制系统等精细化的航班载量管理措施,有效增加了公司航班销售收益,提高了航班业载利用率。

充分利用性能衰减监控结果

随着飞机和发动机使用时间的增加,飞机整体的燃油性能也会出现明显衰减。新飞机通过5年的运行,其衰减幅度甚至可以高达5%。对于737机型来说,这意味着一年将多消耗500吨燃油。除了飞机的性能衰减外,飞机本身也存在个体差异,通常在标准性能的2%上下。

国内部分大中型航空公司都会开展性能衰减的监控工作,但该工作的目的往往只是从安全的角度修正计划耗油量。实际上,对每架飞机实施性能监控,并将其变化与飞机维护工作进行综合分析,可以发现一些非正常的性能恶化趋势,从而避免飞机形成不可逆的高衰减状态。比如,海航通过对787-8实施性能监控,及时发现了性能衰减持续恶化的趋势,并通过加频发动机水洗等工作,预防了该机型的性能恶化。对于一架787飞机来说,每阻止1%的衰减,可每年节油200吨。

此外,还可以将性能衰减的监控结果与飞机排班结合起来,每天根据飞机性能衰减的差异,对航班串进行飞机调整,尽可能使性能衰减较多的飞机执行飞行时间短的航班串,从而实现利用不同飞机的性能衰减差来节约燃油的目的。如两架性能衰减相差3个百分点的737-800飞机,日利用时间相差1小时,全年可节油30吨。

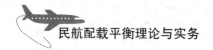

通过实时性能计算减低运行限制

起飞性能是影响航班可供载量和实施减推力起飞的主要因素。以往飞机起飞性能数据通常是以数据表的形式提供给签派员和飞行员使用的,该数值的计算结果本身就相对保守,同时因需要手工翻阅和人工差值计算,每当出现数据表不能直接查到的条件(如无该温度或风)时,一般都会使用表中条件更为严格的结果。在起飞性能受限的机场,这就会导致减载更多;在普通机场,也会降低减推力使用的量。

在不同的机场条件下,最优的起飞构型条件存在差异。以襟翼构型为例,在不同的跑道距离与机场净空条件下,使用不同的襟翼构型可以获得不同的起飞性能限制重量,如当跑道较短、净空条件较好时,选择大的襟翼构型可以提高起飞限制重量。在传统的数据表形式下,一张数据表只能提供一种条件下的起飞性能,手工查阅的方式对选择最优构型造成了重大的制约,因此,通过开发电子飞行包、实时起降系统等手段,可以在电子化实时性能计算的模式下,在运行中最大限度地利用飞机的性能,避免性能浪费。

通过数据分析支持航空公司节油运行

节能环保将成为未来经济发展的重要指标,而持续的节能工作必将以采集、获取、分析每个航班的油耗及关键影响因素为基础。

性能工程师在数据分析方面也一直扮演着非常重要的角色。海航性能工程师通过数据分析模拟,发现载运率与吨公里耗油的相关性高达96%,航空公司如按照吨公里耗油进行燃油效率和节油工作监控,则燃油效率和节油工作的结果会被载运率的影响完全覆盖。因此,在吨公里耗油的基础上,消除载运率的影响,制定修正吨公里耗油指标,则可以反映实际运行的燃油效率变化情况。将飞机使用重量、载量、航路距离、飞行高度、重心位置、发动机和飞机维护状态等关键影响因素与耗油之间的关系,提炼成数据模型,与修正吨公里耗油组成燃油效率指标监控体系,基于修正吨公里耗油的指标体系,监测每个机型、每条航线的变化趋势,就可以发现影响耗油的关键因素的变化。例如,海航通过数据监测分析,成功发现北京至北美航线出现存在计划距离偏多、787机型性能衰减严重变差的趋势,计划业载存在严重偏高、部分国际航线飞行高度存在航班间明显差异等问题,为持续监控和针对性改进奠定了数据基础。

资料来源:邵大伟,王治国. 中国民航报,2015-04-08.

第三章　飞机的业务载重量

学习要点

- 最大起飞重量的确定
- 最大着陆重量的确定
- 最大无油重量的意义
- 航班燃油重量的计算
- 业务载重量的计算

民航配载平衡工作是围绕飞机的业务载重量进行的。飞机由于自身结构强度、客货舱容积、运行条件、运行环境等因素的制约,存在着最大业务载重量的限制,这是飞机安全可靠飞行的前提。飞机的最大业务载重量与飞机的最大起飞重量、最大着陆重量、最大无油重量、基本重量、油量、最大业载限额密切相关。

第一节　飞机的最大起飞重量

一、飞机起飞

飞机从跑道上开始滑跑,加速到抬前轮速度时抬前轮,离地上升到距起飞表面25m(中国规定)或50ft(英、美等国规定)的高度,速度达到起飞安全速度的运动过程,叫作起飞。

飞机起飞前,必须确保发动机处于正常工作状态,襟翼和配平设置于起飞位,高度表设定正确,变距杆和混合比杆均置于最前位。得到塔台的许可后,才能从滑行道等待线处进入跑道,然后飞机对准跑道方向,摆正机轮,准备起飞。

飞机从地面滑跑到离地升空,是由于升力不断增大,直到大于飞机重力的结果。而只有当飞机速度增大到一定值时,才可能产生足以支持飞机重力的升力。因此可见飞机的起飞是一个速度不断增加的加速过程。

飞机起飞一般可以分为起飞滑跑、抬前轮离地、初始上升3个阶段,如图3-1所示。

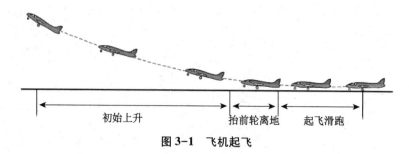

初始上升　　　　抬前轮离地　　起飞滑跑

图3-1　飞机起飞

二、最大起飞重量概念

飞机的最大起飞重量,简称起飞全重(Maximum of Take-off Weight,MTOW),是该型飞机根据结构强度、发动机功率、刹车效能限制等因素而确定的飞机在起飞线滑跑达到抬前轮速度时全部重量的最大限额。

由于升力和重力使飞机各部分受力,并产生力矩,飞机的结构必须要承受这些力。因此,飞机的结构强度情况,就限制了飞机的最大起飞重量。

飞机发动机的功率须提供足够的动力,飞机才能产生足够的升力。因此,飞机所选用的发动机的功率,直接限制了该型飞机的最大起飞重量。

有时飞机在起飞滑跑的过程中,已经达到很大的速度,但由于某种原因需要紧急刹车。如果飞机的重量过大,具有的惯性就很大,若超过了刹车效能的限制,一方面可能会冲出跑道造成事故;另一方面由于轮胎和跑道之间的摩擦产生的热量很大,一旦超过轮胎热容量的限制,将使轮胎损坏。另外,当起飞重量较大时,需要的起飞速度就越大,起落架轮胎的线速度就越大,超过一定限额时,能使轮胎破损。因此,飞机的刹车效能限制也限制了飞机的最大起飞重量。

在任何情况下,飞机都不能超过其最大起飞重量起飞,这是保证飞机飞行安全的必备条件。

三、影响最大起飞重量的因素

除了以上谈及的飞机结构强度、发动机功率、刹车效能、轮胎速度这些因素外,还主要存在以下因素,影响飞机的最大起飞重量。

(一)大气温度

大气温度升高,空气体积膨胀,空气密度下降,单位体积的氧分子数量减少,导致发动机燃油效率下降,进而推力降低,同样滑跑距离下飞机起飞速度下降,根据上一章节学习的升力公式,此时飞机的升力减小,因此,飞机需要减重起飞。机场大气温度(场温)和飞机最大起飞重量间呈反比关系。

(二)机场气压

机场气压以压力高度来表示。机场压力高度越大,意味着气压越小,空气密度越小,与机场气温高同样的道理,飞机需要减重起飞。机场压力高度和飞机最大起飞重量间呈反比关系。

表3-1示例某飞机的部分起飞滑跑数据,从表中数据可以看出,在其他条件

不变的情况下,场温升高或压力高度变大,飞机起飞所需要的滑跑距离明显增加。因此,如果滑跑距离受限,而场温升高或压力高度变大时,相应飞机需要减重起飞。

表3-1 某飞机的部分起飞滑跑数据

温度(℃)	距离(ft)	压力高度(ft)		
		0	2000	4000
ISA−20	起飞滑跑距离	440	505	580
ISA	起飞滑跑距离	520	600	695
ISA+20	起飞滑跑距离	615	710	825

(三)风向和风速

根据升力公式,飞机与空气的相对速度越大,飞机机翼上产生的升力就越大,因此飞机起飞应逆风起飞,以加大飞机与空气之间的相对速度,进而增大飞机升力,减小起飞滑跑距离,也可增大起飞重量。在一定范围内,飞机的正顶风向的风速越大,飞机的最大起飞重量就越大。

(四)跑道情况

飞机是在跑道上滑跑起飞的,跑道状况直接影响飞机的最大起飞重量。

1. 跑道长度

跑道长度越长,飞机的最大起飞重量增大,因为可供起飞滑跑的距离变长,飞机起飞速度能达到更大,获得更大的升力。例如:当跑道长度达到3200m时,可以正常起飞B747-400飞机,其最大起飞重量为385.6t;当跑道长度只有1700m时,最多可以起飞B737-300飞机,其最大起飞重量为56.5t。如果跑道的长度不能满足飞机的起飞重量要求时,飞机或者不能起飞或者需要减重起飞。根据跑道长度计算飞机的最大起飞重量时,要保证飞机在起飞时如果发生一台发动机停车,要继续起飞时能够安全起飞并返场着陆;如果要中断起飞,则能在安全道内停住。

2. 跑道坡度

跑道坡度用跑道两端高度差除以跑道长度来表示,通常以百分数出现,+表示上坡,-表示下坡。飞机沿跑道下坡方向起飞,重力分量增大了加速度,便于飞机加速,可以减少起飞滑跑距离。因此在一定范围内,坡度越大,飞机的最大起飞重量可以越大。飞机沿跑道上坡方向起飞,重力分量减小了加速度,同样的飞机起飞,滑跑距离增加,当跑道滑跑距离受限时,飞机需要减重起飞。

3. 跑道硬度

跑道道面分为刚性和柔性道面。刚性道面由水泥混凝土筑成,能把飞机的载荷承担在较大面积上,承载能力强,在一般中型以上空港都使用刚性道面。柔性道面有草坪、碎石、沥青等各类道面,这类道面只能抗压不能抗弯,因而承载能力小,只能用于中小型飞机起降。

国际民航组织规定使用飞机等级序号(Aircraft Classification Number,ACN)和道面等级序号(Pavement Classification Number,PCN)方法来决定某型飞机是否可以在指定的跑道上起降。

PCN 数是由跑道道面的性质、道面基础的承载强度经技术评估而得出的,每条跑道都有一个 PCN 值。ACN 与飞机重量、重心(它影响主起落架上的载荷)、轮胎压力、轮胎与地面接触面积、道面软硬等有关。

当 ACN 值≤PCN 值时,这类型的飞机可以无限制地使用这条跑道。当 ACN 值>PCN 值时,为避免损害跑道,通常要求飞机减重起降。

4. 跑道道面污染情况

根据跑道道面污染情况,跑道可分为干跑道、湿跑道和污染跑道。

干跑道:飞机起降需要距离和宽度范围内的表面上没有污染物或可见的潮湿条件的跑道。

湿跑道:跑道表面覆盖有厚度等于或小于 3mm 的水,或者当量厚度等于或小于 3mm 深的融雪、湿雪、干雪,或者跑道表面有湿气但并没有积水。

污染跑道:飞机起降需要距离的表面可用部分的长和宽内超过 25% 的面积被超过 3mm 深的积水或当量厚度超过 3mm 的融雪、湿雪、干雪,或压紧的雪和冰等污染物污染的跑道。

飞机在湿跑道或污染跑道上起飞时,会使飞机地面滑跑期间的阻力增加,并伴有滑水现象产生,使飞机的方向控制能力减弱,加速能力减弱,因此,在湿或污染跑道上飞机的最大起飞重量要比干跑道情况小。

（五）机场净空条件

机场净空条件是指机场周围影响飞行安全、正常起降飞行的环境条件,例如高建筑物、高山等情况。

飞机在起飞滑跑过程中,有时会出现一台发动机发生故障的情况,此时飞机是中断起飞,还是继续起飞,取决于飞机此时的速度 V 与决断速度 V_1 的比较。决断速度 V_1 是起飞滑跑过程中飞行员能决定中断起飞的最大速度。当飞机速度等于 V_1 时,采取中断起飞或继续起飞都有安全余度;若飞机速度大于 V_1 时才发现故障,此时飞机应继续起飞,因此这时继续起飞比中断起飞的安全余度大;若飞机速度达到 V_1 前发现故障,飞机应中断起飞,因此这时中断起飞比继续起飞的安全余度大。

当飞机起飞滑跑过程中一台发动机发生故障,而此时飞机速度又大于 V_1,需要继续起飞时,要求飞机要有一定的爬升能力,能够安全超越机场周围的障碍物。因此,当机场周围净空条件好时,无须要求飞机具有很高的单发爬升能力,因此飞机的起飞重量可以大些。而如果机场周围净空条件不好,要求飞机具有很高的单发爬升能力,则飞机必须减重起飞,最大起飞重量减小。

(六)航路上单发超越障碍的能力

飞机在巡航飞行过程中也会出现一台发动机发生故障的情况,此时,要求飞机靠另外一台发动机运行能够超越航路中的障碍物。飞机重量越大,飞机单发超越障碍物将越困难,因此当飞机单发超越障碍物能力较弱时,为了确保安全,飞机起飞时应减重起飞。

(七)襟翼角度

襟翼是飞机重要的增升装置,在飞机起飞、降落时放下。襟翼放下增加了机翼翼面面积和翼面弧度,从而增加了升力。飞机起飞时,襟翼放下的角度越大,则获得相同升力的飞机速度越小,从而缩短所需的起飞滑跑距离。因此,受跑道长度限制的飞机起飞重量增大。但一般而言,襟翼放下的角度越大,受到的阻力也越大,飞机爬升及越障能力就越差,因此,爬升、受障碍物限制的飞机起飞重量减小。

(八)空调、防冰系统

空调的功用是机舱的增压和温度控制;防冰的功用是防止发动机进气道和机翼前缘在结冰条件存在时冰的集聚,以及除去已集聚的冰。空调和防冰的气源均来自发动机的引气或 APU(Auxiliary Power Unit,辅助动力装置)引气。如使用发动机引气,将消耗一部分发动机的功率,导致发动机推力减小,影响飞机的最大起飞重量。而如使用 APU 引气,则通常不会影响飞机性能。

(九)其他因素,如机场噪声限制规定等

为了减轻对机场周围居民生活的干扰,很多大型机场对于机场内飞机起降

的噪声做出严格的规定,并采取了相应的措施。当飞机起飞重量增大时,需要的起飞速度就越大,产生的噪声也相对增大。当产生的噪声超过限制规定时,飞机就不能以该起飞重量起飞。

四、最大起飞重量修正

飞机的最大起飞重量是在设计、生产飞机时由生产厂家确定的,是在一定的机场场地、大气、发动机等条件下才能使用的限额值。航空公司在具体使用时,需要根据当时的实际情况,按照一定的方法对规定的最大起飞重量进行修正。飞机交付时,厂家都提供飞机性能手册,其中包括修正最大起飞重量的图表资料和方法规定。下面举些例子说明。

【例1】 已知某飞机执行航班任务,当日场温25℃,风速8m/s,风向与起飞跑道方向夹角120°,跑道长3400m。该机型规定:当跑道长度分别为2000~2500m、2500~3000m、3000m以上时,正顶风速每增加1m/s,最大起飞重量可以分别增加200kg、250kg、300kg。查飞机起飞全重表,场温25℃、正顶风速0m/s时,该飞机最大起飞重量为42 500kg,请对该飞机规定的最大起飞重量进行修正。

解:

正顶风速:$8×\cos(180°-120°)=4m/s$

$\qquad 300×4=1200kg$

修正的最大起飞重量:$42\ 500+1200=43\ 700kg$

【例2】 表3-2是B737-800飞机在雪浆、积水跑道上以最大起飞推力起飞的减重表。已知机场压力高度2000ft时,B737-800飞机在该跑道上,干跑道场地长度限制的最大起飞重量是75 000kg,求压力高度2000ft、跑道积水厚度为3mm时,飞机的最大起飞重量。

表3-2 污染跑道起飞的减重(污染物为雪浆或积水)

干跑道长度限制重量 (10^3kg)	雪浆或积水厚度3mm			雪浆或积水厚度6mm		
	压力高度(ft)			压力高度(ft)		
	0	5000	10 000	0	5000	10 000
95	−12.7	−15.0	−17.3	−15.6	−17.8	−20.1
90	−11.7	−14.0	−16.3	−14.2	−16.5	−18.7

续表

干跑道长度限制重量 (10^3kg)	雪浆或积水厚度 3mm			雪浆或积水厚度 6mm		
	压力高度（ft）			压力高度（ft）		
	0	5000	10 000	0	5000	10 000
85	−10.7	−13.0	−15.3	−12.8	−15.1	−17.4
80	−9.7	−12.0	−14.3	−11.5	−13.8	−16.0
75	−8.8	−11.0	−13.3	−10.2	−12.5	−14.7
70	−7.8	−10.1	−12.3	−9.0	−11.2	−13.5

解：

在表3-2中，根据干跑道场地长度限制重量 75 000kg，查阅对应的行，得在该限制重量下，积水厚度为3mm，压力高度0ft、5000ft时，飞机的起飞重量相应分别减载 8800kg 和 11 000kg。

设：干跑道长度限制重量 75 000kg，压力高度 2000ft、跑道积水厚度为 3mm 时，飞机减载重量为 X，根据线性插值法，得：

$$\frac{5000-0}{11\ 000-8800}=\frac{2000-0}{X-8800} \qquad X=9680\text{kg}$$

压力高度2000ft、跑道积水厚度为 3mm 时，

飞机的最大起飞重量：75 000−9680＝65 320kg

【例3】 已知机场压力高度 4000ft，气温 32℃，干跑道，可用跑道长度 2880m，跑道坡度+1%，逆风 20kt，襟翼挡位 5，某飞机以发动机最大起飞推力沿跑道上坡滑跑，发动机引气接通，防冰系统关闭。求该运行条件下，飞机的最大起飞重量。

解：

步骤①：在该机型的飞机性能手册中找到，已知条件"最大起飞推力""干跑道""襟翼挡位5""发动机引气接通，防冰系统关闭"对应的跑道长度限制的最大起飞重量图，如图3-2所示。

步骤②：以可用跑道长度 2880m 为起点向上画垂直线，到达跑道坡度为 0 的参考线，沿最近的跑道坡度影响线方向画平行线到达跑道上坡+1%的位置，完成跑道坡度对跑道长度的修正。

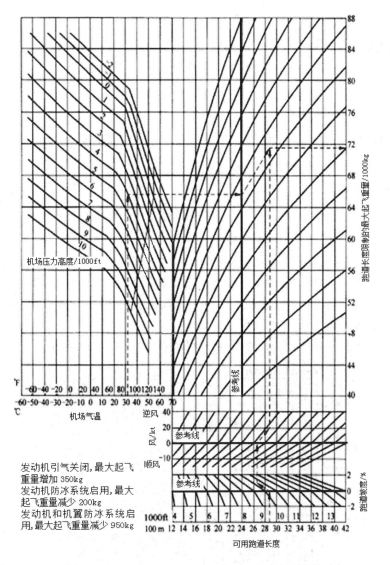

图 3-2 跑道长度限制的最大起飞重量

步骤③:继续向上画垂直线,到达风速为 0 的参考线,沿最近的风影响线方向画平行线到达逆风 20kt 的水平线,完成风对跑道长度的修正。继续向上画垂直线。

步骤④:以机场气温 32℃ 为起点向上画垂直线,到达机场压力高度 4000ft 的曲线后画水平线,到达场地长度参考线处。此时可读得场温、场压影响下的飞机最大起飞重量,以及对应的跑道长度 2400m。但从步骤③中可知飞机的实际修正可用跑道长度大于2400m,所以最大起飞重量要进一步修正。

步骤⑤:从步骤④水平线与场地长度参考线交点处,沿最近的跑道长度影响线方向画平行线,与步骤③的向上垂直线交于一点,从此点向右画水平线,交于图右边缘的坐标轴(注:图3-2中省略显示更小的刻度),由此,得最终该飞机的最大起飞重量为71 500kg。

【例4】 上题中,其他条件不变,若机场跑道前方障碍物高350ft,距跑道起跑点5000m,求此时飞机的最大起飞重量。

解:

步骤①:在该机型的飞机性能手册中找到对应的障碍物限制的重量图,如图3-3所示。

步骤②:从图底部的障碍物坐标轴上找到高350ft的点,做水平线交于障碍物到跑道起点5000m的垂直线,可以看到交点介于梯度2.8~3.2,障碍物的梯度越大,相应的起飞减重就越多,出于安全考虑,因此,应选择梯度3.2对应的重量减量20 000kg。

所以,此时飞机的最大起飞重量为71 500-20 000=51 500kg。

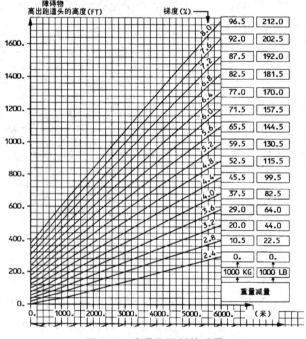

图3-3 障碍物限制的重量

说明:在航空公司实际工作中,需要综合飞机气动特性、发动机性能数据、机场情况、大气情况,分别计算出跑道场地长度限制的最大起飞重量、爬升梯度限制的最大起飞重量、轮胎速度限制的最大起飞重量、刹车能量限制的最大起飞重量、越障能力限制的最大起飞重量,以及结构限制的最大起飞重量等,进行综合分析,得出最终飞机的最大起飞重量。这份工作由飞机性能管理人员负责,最终得到的最大起飞重量数据将传递给各相关业务部门,其中包括配载平衡部门。

五、最大滑行重量

飞机的最大滑行重量是指飞机在滑行时全部重量的最大限额。最大滑行重量大于最大起飞重量,两者差额是滑行用油重量。滑行用油重量包括滑跑用油和地面开车用油的重量,供飞机在起飞前的地面滑行消耗。滑行用油重量必须在飞机起飞前用完,以保证飞机起飞不超过最大起飞重量。

由于滑行用油重量一般只有几十公斤,因此,航空公司为了计算方便,常用最大起飞重量代替最大滑行重量。

第二节 飞机的最大着陆重量

一、飞机着陆

飞机从 25m(中国规定)或 50ft(英、美等国规定)高度下滑,下降接地滑跑直至全停的整个过程,叫着陆。飞机着陆过程一般可分为下降、拉平、接地和着陆滑跑四个阶段,如图 3-4 所示。

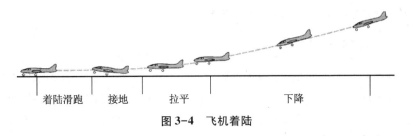

着陆滑跑　　接地　　拉平　　　　下降

图 3-4 飞机着陆

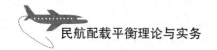

二、最大着陆重量概念

飞机的最大着陆重量也称为飞机的最大落地重量,简称落地全重(Maximum of Landing Weight,MLDW),是根据飞机的起落设备和机体结构所能承受的冲击载荷而规定的飞机在着陆时全部重量的最大限额。

飞机在跑道上着陆时,最理想的状态是触地瞬间升力等于重力,垂直下沉速度等于零。但实际情况往往不是这样,因为许多因素的影响,比如驾驶技术因素,使得触地瞬间的升力小于重力,飞机向下坠落,垂直下沉速度大于零,从而和地面发生撞击。因此,起落架与跑道之间不可避免要产生一定的冲击力,飞机着陆时重量越大,该冲击力越大。当冲击力超过机体结构强度和起落架所能承受的冲击载荷时,将导致飞机机体结构或起落架的损坏,造成严重事故,因此,飞机着陆重量不能过大。

而且飞机在跑道上进近时,有时突发不适宜着陆的情况,需要复飞,再重新着陆。即使发生一台发动机故障,飞机也要有复飞爬高的能力。因此,飞机着陆时的重量也不能过大。

在任何情况下,飞机都不能超过其最大着陆重量着陆,这是保证飞机飞行安全的必备条件。

三、影响最大着陆重量的因素

飞机的最大着陆重量除了受上述提及的飞机结构强度、复飞爬升越障能力影响外,也受到跑道情况、机场气温、气压和净空条件等因素的影响。

(一)大气温度和机场气压

飞机在着陆时,仍需有升力,以减少与跑道之间的冲击力。当大气温度较高或机场压力高度较大时,机场空气密度变小,机翼上产生的升力较小,冲抵的飞机重量较少,因此飞机的着陆重量要降低。

(二)风向和风速

飞机着陆时逆风着陆,逆风风速越大,可增大空气的阻力,缩短滑跑距离,也可增大飞机的升力,减小飞机着陆时起落架与跑道之间的冲击力,使着陆平稳。因此,在一定范围内,飞机的正顶风向的风速越大,飞机的最大着陆重量越大。而在顺风着陆时则相反。

（三）跑道情况

飞机着陆时的重量越大，具有的惯性越大，需要滑跑的距离越长，要求所用跑道的长度越长，因此，跑道长度受限时，飞机需要减重着陆。对于一定坡度的跑道，飞机着陆时沿上坡方向滑行，可使飞机减速更快，缩短滑跑距离，因此，飞机最大着陆重量在上坡方向滑行时，要大于下坡方向滑行。跑道的硬度越大，能够承受的冲击载荷越大，飞机着陆时可越重。飞机在湿、污染跑道上着陆的最大着陆重量要小于干跑道的情况。

（四）机场净空条件

机场净空条件好，飞机可以在更长的时间和更大的空间内降低高度和速度，有利于飞机的平稳着陆，减小飞机与跑道之间的冲击力。而机场净空条件差时，飞机需要减重着陆。

四、最大着陆重量修正

飞机的最大着陆重量是在设计、生产飞机时由生产厂家确定的，也是在一定的机场场地、大气、发动机等条件下才能使用的限额值。厂家提供的飞机性能手册中也包括修正最大着陆重量的图表资料和方法规定。下面举个例子说明。

【例5】 已知机场跑道可用长度 2350m，湿跑道，压力高度 4000ft，逆风 20kt，飞机着陆时襟翼挡位 30，自动刹车状态。求该着陆条件下飞机的最大着陆重量。

解：

步骤①：在该机型的飞机性能手册中找到已知条件"襟翼挡位 30""自动刹车状态"对应的跑道长度限制的最大着陆重量图，如图 3-5 所示。

步骤②：从跑道长度坐标轴上找到长度 2350m 向上画垂直线，与跑道道面情况参考线（干跑道）相交，然后沿最近的道面情况影响线方向做平行线到达湿跑道水平线，相交后向上画垂直线。

步骤③：将步骤②的向上垂直线和风参考线（0）相交，从交点处沿最近的风影响线方向做平行线到达逆风 20kt 的水平线，相交后向上画垂直线。

步骤④：将步骤③的向上垂直线和压力高度 4000ft 的影响线相交，然后从交点处做水平线，从图右边缘的坐标轴上读出（注：图 3-5 中省略显示更小的刻度），该着陆条件下，飞机的最大着陆重量为 77 300kg。

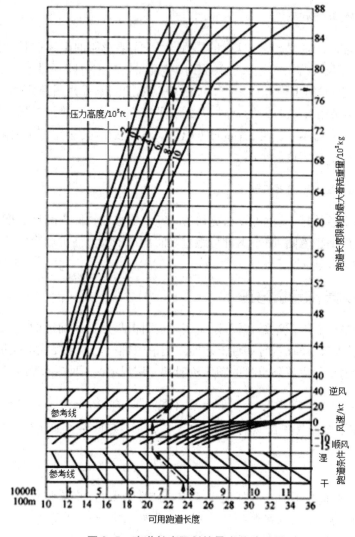

图 3-5　跑道长度限制的最大着陆重量

　　说明:航空公司实际工作中需要综合考虑各影响制约因素,分别计算跑道长度限制的最大着陆重量、复飞爬升越障要求的最大着陆重量、结构强度及快速过站限制的最大着陆重量,进而确定飞机最终的最大着陆重量。飞机最大着陆重量的确定由飞机性能管理人员负责,最终得到的最大着陆重量数据将传递给各相关业务部门,其中包括配载平衡部门。

第三节　飞机的最大无油重量

飞机的最大无油重量,简称无油全重(Maximum of Zero Fuel Weight, MZFW),是指除燃油之外飞机的最大飞行重量限额。

飞机的主油箱通常是装在机翼内,飞行中机翼产生的升力将使机翼向上弯曲,主油箱中燃油的重量能抵消掉部分扭力。飞行中燃油逐渐减少,此时作用于机翼和机身结合部分的扭力将增大,会对机体结构产生不良影响。为了在飞行中燃油消耗的状态下机翼不受损坏,飞机通常都有最大无油重量的限制。

在任何情况下,飞机除燃油以外的实际重量不得超过该机的最大无油重量,这是保证飞机飞行安全的必备条件。

第四节　飞机的基本重量

一、基本重量概念

飞机的基本重量,简称基重(Base Weight,BW),是指除业务载重量和燃油外,已完全做好飞行准备的飞机重量。

二、基本重量组成

(一)空机重量

空机重量指飞机本身的结构重量、动力装置和固定设备(如座椅、厨房设备等)的重量、油箱内不能利用或不能放出的燃油滑油重量、散热器降温系统中的液体重量、应急设备重量等之和。飞机的空机重量由飞机制造厂提供,记录在飞机的履历册内。空机重量所包含的内容,各机型可能不一致,使用和计算应按各机型的重量项目规定执行。

(二)附加设备重量

附加设备重量包括服务设备及机务维修设备等。

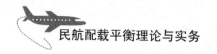

（三）空勤组及随身携带物品的重量

每种机型的空勤组人数是确定的,称为标准机组或额定机组。机组的组成一般用"驾驶员人数/乘务员人数"的格式表示,比如3/4。如有随机机组,但不承担本次航班任务,则再加"/随机机组人数"。

（四）供应品的重量

每种机型的供应品重量是确定的,称为额定供应品重量。

（五）其他按规定应计算在基本重量之内的重量

如飞机携带的航材备件等。

飞机的基本重量一般是相对固定的。但是,由于每次实际飞行任务的需求不一样,基本重量会因机组人员的增减、供应品的增减等而发生变化。

在飞机基本重量基础上增减设备、服务用品、机组人员等重量后所得的重量称为修正后的基本重量(Dry Operation Weight,DOW)。一般每增减1名机组人员,按80kg计算,其他项目重量按实际重量的增减量计算。修正后的基本重量反映了执行航班任务的飞机的实际情况,因此,在计算业务载重量时应使用修正后的基本重量。

第五节　飞机的燃油重量

飞机的燃油重量也称起飞油量(Takeoff Fuel,TOF),是飞机执行任务所携带的航段耗油量(Trip Fuel,TFW)和备用油量(Reserve Fuel,RFW)的合计数。是飞机起飞滑跑达到抬前轮速度时,飞机油箱内可供飞行使用的全部燃油的重量。不包括地面开车和滑行的油量。

一、国内航班燃油重量

对于国内定期载客运行的航班,飞机应装有的燃油重量如下:

航段耗油量为飞机从起飞站到目的站整个航段飞行所需消耗的油量。计算公式:航段耗油量=飞机平均小时耗油量×航段飞行小时。

备用油量为飞机从目的机场到备降机场飞行所需消耗的油量,再加额外的45分钟油量。这额外的45分钟油量是用于备降机场上空等待耗油,以及应对意外情况的耗油,比如空中交通延误、航路天气预报错误等。计算公式:备用油量＝飞机平均小时耗油量×(备降航段飞行小时＋ 45/60)。

【例 6】 MU5512 航班执行上海虹桥机场至北京首都机场的飞行任务,起飞时间为 10:00,预计到达北京首都机场时间为 12:00。备降机场选在天津,北京首都机场与天津滨海机场之间的距离为 300km,该飞机的平均飞行速度为 600km/h,平均每小时耗油 2200kg。计算起飞油量。

解:

航段耗油量＝2×2200＝4400kg

备用油量＝(300/600+45/60)×2200＝2750kg

起飞油量＝4400+2750＝7150kg

二、国际航班燃油重量

对于国际定期载客运行的航班,飞机应装有的燃油重量如下:

航段耗油量为飞机从起飞站到目的站整个航段飞行所需消耗的油量,再加航段飞行时间的 10%的油量。计算公式:航段耗油量＝飞机平均小时耗油量×航段飞行小时×(1+10%)。

备用油量为飞机从目的机场到备降机场飞行所需消耗的油量,再加额外的 30 分钟油量。计算公式:备用油量＝飞机平均小时耗油量×(备降航段飞行小时＋30/60)。

第六节　飞机的最大业务载重量

一、最大业务载重量概念

飞机的最大业务载重量(Allowed Traffic Load,ATL),简称最大业载,是执行航班任务的飞机可以装载的旅客、行李、货物、邮件的最大重量。最大业务载重量计算意义在于:

(一)确保飞行安全,避免超载

超载飞机表现出的最主要的问题有:

① 需要较高的起飞速度；

② 需要较长的起飞跑道；

③ 减小了爬升速度和角度、降低了最大爬升高度；

④ 缩短了航程；

⑤ 降低了巡航速度；

⑥ 降低了操纵灵活性；

⑦ 需要较高的落地速度；

⑧ 需要较长的落地滑行距离。

这些降低飞机效率的因素在某些情况下可能并不会有严重影响，但如果飞机机翼表面结冰或发动机发生故障等情况时，则可能造成极其严重的后果。因此，正确计算飞机的最大业务载重量，可以确保飞行安全，避免超载飞行。

（二）可以避免空载，提高运输效益

计算出飞机的最大业务载重量和实际业务载重量后，就可以知道航班的剩余业载有多少，此时如果还有旅客要求乘坐本次航班旅行或者还有可由本航班运出的货物，则可适量地接收旅客和货物，最大限度地减少航班的空载，提高飞机的客座利用率和载运率，进而提高运输经济效益。

二、最大业务载重量计算公式

（一）公式一

根据飞机的最大起飞重量计算：

最大业务载重量＝最大起飞重量－修正后的基本重量－燃油重量

记为最大业载 1 。

（二）公式二

根据飞机的最大着陆重量计算：

最大业务载重量＝最大着陆重量－修正后的基本重量－备用油重量

记为最大业载 2 。

（三）公式三

根据飞机的最大无油重量计算：

最大业务载重量＝最大无油重量－修正后的基本重量

记为最大业载3。

由三大公式,可以看出飞机型号不同或在不同的航线上飞行时,其最大业载都会不同,因为飞机的最大业载与飞机的三大全重数据、基重和油量等有着密切的关系。

由三大公式分别计算出的最大业载通常各不相同,应取其中最小数值作为本次飞行的最大业务载重量。只有这样才能保证飞机在起飞、着陆和无油时不超过飞机的限制重量,以确保飞行安全。

三、最大业务载重量限额

最大业务载重量限额是飞机制造厂根据该型飞机的结构强度和各种性能要求所规定的最大装载量的限额。在对飞机进行装载时,实际装载量不应超过飞机的最大业务载重量限额。

因此,飞机的最大业务载重量=MIN(最大业载1,最大业载2,最大业载3,最大业载限额)。

【例7】　已知 B-2306 号飞机执行 MU2504 航班从上海至武汉的飞行任务,飞机修正后基本重量是 47 200kg,起飞油量为 8500kg,其中航段耗油 6200kg,飞机的最大起飞重量是 75 400kg,最大着陆重量是 67 300kg,最大无油重量是 64 700kg,飞机的最大业载限额为 22 500kg,求飞机的最大业载。

解:

最大业载 1:75 400-47 200-8500 = 19 700kg

最大业载 2:67 300-47 200-(8500-6200)= 17 800kg

最大业载 3:64 700-47 200 = 17 500kg

最大业载:=MIN(19 700,17 800,17 500,22 500)= 17 500kg

第七节　飞机的实际业务载重量

实际业务载重量(Total Traffic Load),是飞机上实际装载的旅客、行李、货物和邮件的重量和。

计算实际业务载重量时,行李、邮件、货的重量按照实际重量计算,旅客重量则按一定的重量标准折合。关于旅客重量折合标准,不同的航空公司有不同的规定,甚至不同的航线有不同的规定。本书采用了较多航空公司使用的标准,具体如下:

	国内航线	国际航线
成人：	72kg/人	75kg/人
儿童：	36kg/人	40kg/人
婴儿：	10kg/人	10kg/人

【例8】 某国内航班的实际业载为：旅客96人，其中成人90人、儿童5人、婴儿1人；行李1200kg；邮件300kg；货物8500kg。求本次航班的实际业务载重量。

解：

成人旅客重量 = 90×72 = 6480kg

儿童旅客重量 = 5×36 = 180kg

婴儿旅客重量 = 1×10 = 10kg

旅客总重量 = 6480+180+10 = 6670kg

实际业务载重量 = 6670+1200+300+8500 = 16 670kg

需要注意的是，民航规定每位旅客可以随身携带5kg物品进入客舱，这部分重量已经包括在上述旅客重量折合值内。因此如果旅客的随身携带物品超过5kg的限额，就有可能造成实际的业务载重量超过计算的业务载重量，造成飞机在计算上不超载而实际上超载的结果。所以应严格限制旅客的随身携带品重量。

习题与思考

1. 机场场温、场压如何影响飞机最大起飞重量？

2. 跑道情况如何影响飞机最大起飞重量？

3. 风与最大起飞重量、最大着陆重量间有什么关系？

4. 发动机状况和最大起飞重量间有什么关系？

5. 为什么要规定最大无油重量？

6. 基本重量中哪些构成是可变的？

7. 航班上旅客重量如何计算？

8. 某飞机执行AF117航班从上海飞往雅典的飞行任务，飞行时间12小时，从雅典机场飞往备降机场的飞行时间为30分钟，该飞机平均每小时耗油2800kg，计算飞机应携带的起飞油量。

9. 已知B-2265号飞机执行CA1545航班从北京至杭州的飞行任务，飞机基本重量是 43 600kg,该航班任务额外增加了一名机组人员,起飞油量为 9200kg,其中航段耗油 7100kg,飞机的最大起飞重量是 79 500kg,最大着陆重量是 76 300kg,最大无油重量是 69 800kg,飞机的最大业载限额为 33 000kg,求飞机的最大业载。

10. 某飞机最大业载为 26 750kg,飞机承载旅客为 126/04/02,行李 1550kg,货物 7600kg,邮件 800kg,问该航班空载多少?

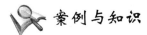 案例与知识

3000 米高空,飞机放油"减肥"

2011 年 11 月 19 日凌晨,一架从杭州萧山国际机场飞往非洲的客机,在途中被迫飞向放油区,在 3000 米以上的上空放油。这架埃塞俄比亚航空的客机起飞时,机上载有 200 多名旅客。

它的原定路线是从杭州萧山国际机场起飞,经停印度新德里,最后到达埃塞俄比亚首都亚的斯亚贝巴。

这条航线今年 5 月开通,也是整个长三角地区飞往非洲的第一条定期航线。

可这次出了岔子:才飞到合肥上空,飞机的航行系统告警灯亮了,警报还响个不停。

机上的操控一切正常,机长有点纳闷。不过谨慎起见,他还是决定返回萧山机场,排除故障。

这个时候,问题来了:飞回来降落必须放油。

看到这里,许多人会很好奇,为什么起飞的时候可以承载那么多油,降落时就嫌重了呢?

民航浙江空管分局的工作人员解释说,这是由机型决定的。以这架波音 767 型宽体客机为例,由于飞往非洲要 10 多个小时,属长线航班,因此起飞时带着的油量较多。

但因为宽体飞机通常都有最大起飞重量和最大着陆重量限制,一般起飞重量会比最大着陆重量要大一些。简单地说,如果需要降落,但飞机的油没有消耗到最大着陆重量以内的话,就必须空中放油,给飞机"减减肥"。这可难倒了萧山机场,因为萧山机场没有放油区。

经过协商,最后确定这架客机在上海浦东和虹桥机场的放油区放油。

"这个放油区域比杭州市区的面积还要大,具体说是在海上的无人区。"浙江

空管分局的工作人员介绍。放油是在3000米以上的高空进行的。

一般长线航班的宽体飞机都设有一个放油系统,机长打开放油活门,航空汽油就会自动放出来。不过飞机重量的减轻,旅客是察觉不出来的。

用这种方式放油,会不会污染地面环境? 该工作人员说,放油在3000米以上的上空,油被放出来后,一下子就汽化了,就像云中雨,近地面就没有什么了。昨天凌晨0点30分,飞机完成放油,进入杭州管制区域。

机组报告,还需要盘旋等待45分钟耗油。经同意,飞机在机场南面空域盘旋等待。

凌晨1点24分,飞机安全着陆。

资料来源:3000米高空飞机放油"减肥".浙江在线新闻网站,2011-11-19.

第四章　航段业载分配

学习要点

- 最大通程业载
- 固定配额
- 临时索让
- 航段业载的分配方法

对于单航段航班，飞机在始发站的最大业载，就是全航段可用业载。而对于有经停站的多航段航班而言则不同，因为，首先在航程中始发站、经停站，飞机的三大全重数值可能是不同的；其次，始发站、经停站由于后续航段距离不同，携带的起飞油量也不尽相同，因此飞机在航程的始发站、各经停站的最大业载经常是不相等的，为了合理配载，有必要先对各航段业载进行分配。

第一节　相关术语

一、最大通程业载

最大通程业载是指由航班的始发站可以一直利用到终点站的最大业务载运量。对于单航段航班，飞机在始发站的最大业载，就是最大通程业载。而对于多航段航班，需要考虑经停站的情况。

【例1】　已知 CZ9224 航班，由北京经武汉至广州，飞机在北京站的最大业载为 25 411kg，在武汉站的最大业载为 23 250kg。求该航班的最大通程业载。

解：

最大通程业载：MIN(25 411,23 250)＝ 23 250kg

因为，最大通程业载是由北京站可以一直利用到广州站的最大载量，当北京站装载 23 250kg 载量时，能通过武汉站不卸下，顺利到达广州站。因此，最大通程业载为飞机在北京站、武汉站的最大业载中的最小者。

二、固定配额

一般情况下，航班始发站是飞机吨位/座位的控制站，负责全航程的吨位/座位控制和分配，经停站能支配的是自己的固定配额。固定配额是由始发站、经停站商定，某经停站在每次航班中固定装载的一定数量的货物、销售的一定数量的客票。固定配额分为吨位的配额和座位的配额。固定配额能由该经停站一直利用到航班的终点站。

【例2】 在例1基础上，如果武汉站有固定配额7000kg，求该航班的最大通程业载。

解： 最大通程业载：MIN$[25\,411,(23\,250-7000)]=16\,250$kg

三、临时索让

临时索让是在某次航班上，某经停站在其固定配额之外，要求多装载一部分业载和多销售一部分客票，而向其他站临时索要的一部分吨位和座位。

经停站的固定配额不能随意变更。然而，在特殊情况下，有时会发生配额的索让。通常是航班经停站因临时性的需要向航班始发站索取一定的吨位，但也不避免航班始发站向经停站索取配额。

在分配固定配额和发生临时索让时，每个座位通常分配100kg重量的吨位。

【例3】 在例2基础上，如果武汉站在固定配额的基础上，向始发站索取了2500kg吨位，求该航班的最大通程业载。

解： 最大通程业载：MIN$[25\,411,(23\,250-7000-2500)]=13\,750$kg

四、近程吨位和远程吨位

从某站出发，有包含航段少的吨位和包含航段多的吨位。相对来说，前者为近程吨位，后者为远程吨位。由于最大通程业载包含的航段数最多，因此为最远程吨位。配载工作中，可以用远程吨位配送到近程航站的货物，不得使用近程吨位配送到远程航站的货物。

五、前方站和后方站

沿飞行方向确定前方站和后方站。飞机已经经过的航站为后方站，飞机还没有经过的航站为前方站。

第二节 航段业载分配方法

多航段航班航段业载分配方法主要有画线法（也写作"划线法"）和比较法两种。

一、航段业载分配原则

(一)保证前方各经停站的固定配额和临时索让不被占用

否则会造成如下后果：

① 如果前方经停站仍按原来的固定配额配载，将造成经停站飞机的座位/吨位超载；

② 为避免飞机超载，前方经停站的载量中将有一部分运不出去，造成该经停站运输积压，疏运困难；

③ 为避免飞机超载，前方经停站卸下过站载量，装上由本站出发的载量，将造成始发站不正常运输情况发生。

(二)优先分配远程吨位

航段业载分配应尽量将座位/吨位分配给远程航站使用，以提高航班座位/吨位的利用率和经济效益。

二、画线法

(一)画线法步骤

① 写出航班各站及其可用座位/吨位情况、固定配额及临时索让情况；

② 按照航段业载分配原则进行分配，分为三步进行：

A.预留出所有经停站的固定配额和临时索让的座位/吨位，以保证所有经停站的固定配额和临时索让不被占用。

B.分配最大通程业载。最大通程业载为最远程吨位，应优先分配。

C.分配剩余业载。仍按照优先分配远程吨位原则进行。本站的剩余业载优先后方站使用；如仍有剩余业载，再由本站自己使用。

③对业载分配结果进行归纳。

(二)画线法示例

1.经停站没有固定配额，也无临时索让

【例4】 某航线情况如下，航程中起飞站 A、B、C 的最大业载分别为 44 600kg、44 800kg、43 200kg。分配各航段业载。

```
   A——————B——————C——————D
44 600    44 800    43 200
```

解：

```
   A——————B——————C——————D
44 600    44 800    43 200
43 200    43 200    43 200
─────────────────────────
 1400      1600       0
 1400      1400
─────────────────────────
   0        200
            200
         ─────────
            0
```

各航段业载的分配结果如下：

A—B：0	A—C：1400
A—D：43 200	B—C：200
B—D：0	C—D：0

检验：

A 站：分配$_{A-B}$+分配$_{A-C}$+分配$_{A-D}$=0+1400+43 200=446 000

B 站：过站$_{A-C}$+过站$_{A-D}$+分配$_{B-C}$+分配$_{B-D}$=1400+43 200+200+0
=44 800

C 站：过站$_{A-D}$+过站$_{B-D}$+分配$_{C-D}$=43 200+0+0=43 200

由此可见，各起飞站的最大业载被充分利用；同时，由于航段业载是按优先分配远程吨位的原则进行分配，因此，航段业载分配结果能最有效地利用运力。

说明：检验步骤并不是必需的。

2. 经停站有固定配额，无临时索让

【例5】 某航线情况如下，B 站和 C 站分别有固定配额 6000kg 和 4000kg。

分配各航段业载。

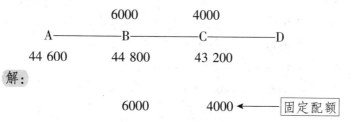

```
        6000      4000
   A——————B——————C——————D
44 600    44 800    43 200
```

解：

```
        6000      4000  ◄——— 固定配额
```

```
A————————B————————C————————D
44 600      44 800      43 200  ←——  最大业载
                        4000
                        39 200
            6000        6000
            38 800      33 200
33 200      33 200      33 200
11 400      5600        0
5600        5600
5800        0
5800
0
```

各航段业载分配结果如下：

A—B：5800   A—C：5600

A—D：33 200   B—C：0

B—D：6000   C—D：4000

3. 经停站既有固定配额，又有临时索让

（1）经停站向始发站索取吨位

【例6】 某航线情况如下，B 站和 C 站分别有固定配额 6000kg 和 4000kg，某次飞行 B 站和 C 站在固定配额基础上，分别向始发站 A 站索取 7000kg 和 1000kg 至终点站。分配各航段业载。

```
            6000        4000
A————————B————————C————————D
44 600      44 800      43 200
```

解：

```
            +7000       +1000  ←——  临时索让
            6000        4000
A————————B————————C————————D
44 600      44 800      43 200
                        5000
```

```
                                    38 200
                   13 000           13 000
                   31 800           25 200
25 200             25 200           25 200
19 400              6600              0
 6600               6600
12 800               0
12 880
   0
```

各航段业载分配结果如下：

A—B:12 800   A—C:6600

A—D:25 200   B—C:0

B—D:13 000   C—D:5000

【例7】　上例中,B 站向 A 站索取的 7000kg 利用至 C 站,其他情况不变。分配各航段业载。

解：

此时 B 站的固定配额和索取吨位应分别计算。

```
              +7000        +1000
               6000         4000
A————————B————————C————————D
44 600       44 800       43 200
                           5000
                          38 200

              7000
             37 800
              6000         6000
             31 800       32 200
31 800       31 800       31 800
12 800         0           400
12 800                     400
   0                        0
```

各航段业载分配结果如下:

A—B:12 800　　　　A—C:0

A—D:31 800　　　　B—C:7000

B—D:6000　　　　C—D:5000+400=5400

(2)经停站向后方经停站索取吨位

后方经停站只能在其固定配额的范围内让出吨位,并且让出的吨位可以利用到索取站。

【例8】　某航线情况如下,B站和C站分别有固定配额6000kg和4000kg,某次飞行C站在固定配额基础上,分别向A站和B站各索取1000kg至终点站。分配各航段业载。

```
              6000        4000
    A————————B————————C————————D
  44 600      44 800      43 200
```

解:

```
                          +1000
              -1000       +1000
              6000        4000
    A————————B————————C————————D
  44 600      44 800      43 200
                          6000
                          37 200
              1000
              43 800
              5000        5000
              38 800      32 200
  32 200      32 200      32 200
  12 400      6600          0
  6600        6600
  5800          0
  5800
    0
```

各航段业载分配结果如下：

A—B:5800   A—C:6600

A—D:32 200   B—C:1000

B—D:5000   C—D:6000

（3）始发站向经停站收回一部分吨位

【例9】 某航线情况如下,B站和C站分别有固定配额6000kg和4000kg,某次飞行A站收回B站配额2000kg。分配各航段业载。

```
                    6000        4000
        A───────────B───────────C───────────D
     44 600      44 800      43 200
```

解：

```
                   -2000
                    6000        4000
        A───────────B───────────C───────────D
     44 600      44 800      43 200
                                4000
                             39 200
                    4000        4000
                 40 800      35 200
     35 200      35 200      35 200
      9400        5600          0
      5600        5600
      3800          0
      3800
        0
```

各航段业载分配结果如下：

A—B:3800   A—C:5600

A—D:35 200   B—C:0

B—D:4000   C—D:4000

说明:画线法进行的航段业载分配结果只是理想的目标,实际配载时只能以此作为参考,要做到实际配载方案和航段业载分配结果完全相同的可能性是很小的,有时甚至是不可能相同的。比如 B—C 段的航段业载分配是 0kg 吨位,那是否说在实际配载时,这一航段就不能装载货物了,显然不是,如果该航段有待运货物而一直不装运,显然不符合实际。因此,画线分配的结果只是理想的、能最有效利用运力的方案。航班实际配载情况取决于各航段实际待运客、货的情况,因此只能要求在理想的航段业载分配结果的基础上,根据实际情况,进行实际配载,让实际配载结果尽可能接近航段业载分配的结果,达到尽量有效地利用运力。这部分内容将在第五章中学习。

4. 座位分配

以上例子仅仅针对航程中飞机的吨位进行分配,实际工作中,机上座位同样也需要进行合理分配,依然可以应用画线法。下面举例说明机上座位、吨位一起的分配。

【例10】 某航线情况如下,分配各航段业载。

```
                    60/6000        40/4000
        A—————————————B—————————————C—————————————D
   260/44 600     260/44 800     259/43 200
```

解:

```
                    60/6000        40/4000
        A—————————————B—————————————C—————————————D
   260/44 600     260/44 800     259/43 200  ←———— 座位/吨位

                                   40/4000
                                   219/39 200

                    60/6000        60/6000
                    200/38 800     159/33 200
   159/33 200     159/33 200     159/33 200
   101/11 400      41/5600           0
    41/5600         41/5600
    60/5800           0
    60/5800
       0
```

各航段业载分配结果如下：

A—B：60/5800　　　　A—C：41/5600

A—D：159/33 200　　　B—C：0

B—D：60/6000　　　　C—D：40/4000

三、比较法

（一）比较法概念

画线法分配航段业载，计算思路清晰，易于理解。除此之外，还有一种分配航段业载的方法，是利用航站之间的业载比较，确定相应航段的可用载量，这种方法称为比较法。

（二）比较法示例

1. 经停站没有固定配额，也无临时索让

【例11】　某航线情况如下，航程中起飞站 A、B、C 的最大业载分别为44 600kg、44 800kg，43 200kg。分配各航段业载。

A————————B————————C————————D

44 600　　　　44 800　　　　43 200

解：

以该例详细说明比较法的原理和步骤。

首先用 A 站的最大业载与 B 站的最大业载进行比较：

44 600-44 800=-200，A—B：0

两站的最大业载差为-200kg，说明 A 站飞机装载 44 600kg 载量时可以通过 B 站不卸下到达 C 站，且 B 站还有200kg 剩余吨位。根据优先分配远程吨位原则，因此，A 站业载要分配到更远的航站，所以，A—B 航段分配业载为 0kg。

再把 A 站出发通过 B 站后的载量与 C 站的最大业载进行比较：

44 600-43 200=1400，A—C：1400

比较之差为 1400kg，说明 A 站飞机装载 44 600kg 载量，顺利通过 B 站后，只有其中的 43 200kg 可以通过 C 站不卸下到达 D 站，剩余的 1400kg 载量必须在 C 站卸下，否则 C 站飞机起飞时将超载。根据优先分配远程吨位原则，因此 A—C 航段分配业载为 1400kg。

接着,从 A 站的最大业载中扣除已分配给 A—B 和 A—C 的航段业载,剩余部分即为 A—D 航段分配业载:

44 600-0-1400=43 200,A—D:43 200

由于 B 站的最大业载供 A 站的过站载量 44 600kg 利用后,还有剩余吨位 200kg,而 C 站的最大业载供 A 站的过站载量利用后剩余吨位为 0,因此 B 站的 200kg 吨位只能利用到 C 站,于是 B—C 航段分配业载为 200kg,而 B—D 航段及 C—D 航段业载分配均为 0kg。

2. 经停站有固定配额,无临时索让

对于经停站来说,应先在本站的最大业载中减去本站及后方经停站的固定配额,然后用剩余额与他站进行比较。

【例 12】 某航线情况如下,B 站和 C 站分别有固定配额 6000kg 和 4000kg。分配各航段业载。

```
            6000        4000
   A————————B————————C————————D
 44 600      44 800      43 200
```

解:

44 600-(44 800-6000)=5800,A—B:5800

(44 600-5800)-(43 200-4000-6000)= 5600, A—C:5600

44 600-5800-5600=33 200,A—D:33 200

B、C 站除固定配额外,没有剩余载量。固定配额遵循优先分配远程的原则,故:

B—C:0

B—D:6000

C—D:4000

3. 经停站既有固定配额,也有临时索让

(1)经停站向始发站索取吨位

对于经停站来说,应先在本站的最大业载中减去本站及后方经停站的固定配额及临时索让,然后用剩余额与他站进行比较。

【例 13】 某航线情况如下,B 站和 C 站分别有固定配额 6000kg 和 4000kg,

某次飞行 B 站和 C 站在固定配额基础上分别向始发站 A 站索取7000kg和 1000kg 至终点站。分配各航段业载。

$$6000 \qquad 4000$$

A————————B————————C————————D

44 600　　　44 800　　　43 200

解：

44 600-(44 800-6000-7000)= 12 800,A—B:12 800

(44 600-12 800)-(43 200-4000-1000-6000-7000)= 6600,A—C:6600

44 600-12 800-6600= 25 200,A—D:25 200

B、C 站除固定配额、临时索让外,没有剩余载量。故:

B—C:0

B—D:6000+7000= 13 000

C—D:4000+1000= 5000

(2)经停站向后方经停站索取吨位

对于向后方经停站索取吨位的情况,计算时要考虑向始发站索让情况,但先不考虑经停站之间的索让问题。在航班业载分配完毕后,再从后方让出站的相应航段减去,在前方索取站的相应航段加上索取数额,并注意让出站的让出额可使用至索取站。

【例 14】　某航线情况如下,B 站和 C 站分别有固定配额 6000kg 和 4000kg, 某次飞行 C 站在固定配额基础上分别向 A 站和 B 站各索取 1000kg 至终点站。 分配各航段业载。

$$6000 \qquad 4000$$

A————————B————————C————————D

44 600　　　44 800　　　43 200

解：

44 600-(44 800-6000)= 5800,A—B:5800

(44 600-5800)-(43 200-4000-6000-1000)= 6600,A—C:6600

44 600-5800-6600= 25 200,A—D:32 200

B、C 站除固定配额、临时索让外,没有剩余载量,但 B 站固定配额让出 1000kg 给 C 站。故:

B—C:1000

B—D:6000-1000=5000

C—D:4000+1000+1000=6000

（3）始发站向经停站收回一部分吨位

【例15】 某航线情况如下，B 站和 C 站分别有固定配额6000kg 和4000kg，某次飞行 A 站收回 B 站配额2000kg。分配各航段业载。

$$\begin{array}{ccccc} & 6000 & & 4000 & \\ A & \rule{2cm}{0.4pt} & B & \rule{2cm}{0.4pt} & C & \rule{2cm}{0.4pt} & D \\ 44\,600 & & 44\,800 & & 43\,200 \end{array}$$

解：

44 600-[44 800-(6000-2000)]=3800,A—B:3800

(44 600-3800)-[43 200-4000-(6000-2000)]=5600,A—C:5600

44 600-3800-5600=35 200,A—D:35 200

B、C 站除固定配额、临时索让外，没有剩余载量。故：

B—C:0

B—D:6000-2000=4000

C—D:4000

4.座位分配

机上座位分配，同样也可以应用比较法。

【例16】 某航线情况如下，分配各航段业载。

$$\begin{array}{ccccc} & 60/6000 & & 40/4000 & \\ A & \rule{2cm}{0.4pt} & B & \rule{2cm}{0.4pt} & C & \rule{2cm}{0.4pt} & D \\ 260/44\,600 & & 260/44\,800 & & 259/43\,200 \end{array}$$

解：

260/44 600-(260/44 800-60/6000)=60/5800,A—B:60/5800

(260/44 600-60/5800)-(259/43 200-40/4000-60/6000)=41/5600,A—C:41/5600

260/44 600-60/5800-41/5600=159/33 200,A—D:159/33 200

B、C 站除固定配额外，没有剩余载量。固定配额遵循优先分配远程的原则，故：

B—C:0

B—D:60/6000

C—D:40/4000

 习题与思考

1. 什么是通程业载?

2. 配载中,如何最大限度地利用飞机吨位?

3. 为什么说用画线法进行航段业载分配的结果只是理想的结果?

4. 某航线情况如下,B 站和 C 站在固定配额的基础上分别向 A 站索取 2000kg 到终点站。分配各航段业载。

```
                  14 000        13 000
    A————————B————————C————————D
  56 000      59 000        57 000
```

5. 某航线情况如下,C 站在固定配额的基础上分别向 A 站、B 站索取2000kg 到终点站。分配各航段业载。

```
                  9000          4000
    A————————B————————C————————D
  26 000      25 000        27 000
```

6. 某航线情况如下,B 站和 C 站在固定配额的基础上分别向 A 站索取 5/500 到终点站。分配各航段业载。

```
                30/3000        10/1000
    A————————B————————C————————D
148/35 000   148/37 000    147/36 000
```

7. 某航段情况如下,C 站在固定配额的基础上分别向 A 站、B 站索取 2/200 到终点站。分配各航段业载。

```
                20/2000        6/600
    A————————B————————C————————D
89/16 000    90/15 000     90/17 000
```

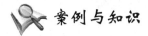 **案例与知识**

多航段航班管理

多航段航班从始发地到目的地的途中会经停几个点。最为常见的类型是经停一个点,即 A—B—C。这种多航段航班有 3 个航段,分别是 AB、BC 和 AC。

多航段航班最大的特点可以用 4 个字概括,即"外争内斗"。与直达航班一样,多航段航班的任何一个航段都可能有竞争对手,此为"外争",是航线员不能控制的客观因素;同时,短段与长段之间会面临如何分配座位数量的问题,此为"内斗"。如何确定这个平衡点,是考验航线员管理技能的关键。

"内斗"源自两大因素:一是自然因素,另一个是人为因素。自然因素表现为两点:①每销售一个短段座位就会挤占一个长段座位;②每销售一个长段座位就会分别消耗短段各一个座位。人为因素主要涉及始发地与经停地之间收益核算的矛盾,如很多始发地分控有时一味强调始发地收益;又如大力促销长段而忽略了有潜力的后段,最终导致航班整体收益的下降。

正因为以上特点,多航段航班的管理既要考虑到外部竞争状况,同时又要协调各个航段之间的关系,防止"兄弟阋于墙""相煎太急"。基于航班整体收益最大化这一目标,航线员不仅要具备较强的航班管理技能,掌握各个航段之间的平衡艺术,同时,还需有较强的人际沟通技巧,与各地分控共同制订一个最佳的销售方案。

资料来源:聂立. 多航段航班管理策略分析. 民航资源网,2014-02-24.

第五章 航班实际业载配算

学习要点

- 配载步骤、规定及相关单据
- 单航段航班配载
- 多航段航班始发站、经停站配载
- 超载的成因和处理原则

配载平衡是航空运输地面生产的重要业务环节。配载,即航班实际业载配算,是根据飞机从本站出发的可用业务载重量,配算运至前方各站的旅客、行李和货邮。平衡是在配载的基础上,计算飞机重心,确保飞机的重量和重心均在安全许可的范围内。业务熟练的配载平衡人员可以根据不同机型的平衡要求,合理利用飞机业载,达到较高的载运比率,提高航空公司营运效益。

第一节　航班配载流程

一、航班配载相关部门

目前各大航空公司和机场配合配载工作的部门及具体分工虽然有所差异,但总的来说,工作的内容是大致相同的。

(一)机务部门

机务部门提供飞机的基础数据和静态数据,如空机重量、客货舱物理布局等。

(二)航务部门

航务部门提供修正后的飞机三大全重数据、机组和燃油重量等数据。

(三)值机部门

值机部门在航班关闭后,通过离港系统,提供实际乘机的旅客人数、座位和行李重量数据。

(四)仓管部门

仓管部门遵照配载的预配舱单,从仓库提出相关货物,对于集装运输的货物,协助货运人员进行组装。

(五)集控部门

集控部门提供本站出发的集装箱板信息,供航班配载使用。

（六）装卸部门

装卸部门按照配载的装机通知单规定的舱位和重量,准确将待运货物、邮件、行李装上飞机。

二、航班配载步骤

（一）预配

航班预配是航班起飞前一定时间内根据飞机的可用业务载重量、预计的旅客人数、预留的行李和协议邮件重量,对飞机所载运货物进行配运。

预配工作通常要求在航班离站前 2h 完成。航班经停站的预配应注意考虑过境业载,充分利用后方站的剩余吨位。

预留的行李重量应根据不同航线的平时流量来估计。一般来讲,长途航线行李较多时,可以按 20kg/人或以上来估计,短途游览型航线行李较少时,可以按 10kg/人来估计。本书计算都以 15kg/人来估计。

航空邮件运输是邮政部门与航空公司以运输合同(或协议)方式合作组织的信件、包裹等小件物品的航空运输。协议邮件重量是航空公司参照邮件的一般运量,在每次班机上预留一定吨位,用以载运邮件。在预留吨位重量以内的邮件,应保证当班飞机清运;超出预留吨位的邮件,应优于普通货物尽量当班清运。

预配工作中,配载人员将制作预配舱单和装机通知单。同时为了减少平衡后续的工作,在预配时,配载人员应考虑飞机重心处于安全允许的范围之内。

民航规定,在飞机起飞前 30 分钟停止办理旅客乘机手续(大型机场是提前 45 分钟),此时才能获得旅客人数和行李重量等项目的准确情况。由于飞机起飞前需要做很多工作,如果不进行预配而直接在飞机起飞前 30 分钟进行货物配运工作,将使配载工作在很匆忙的情况下进行,以致一方面可能不能按时完成所有工作,造成航班延误;另一方面可能造成配载错误,影响飞行安全。尤其对于每天出港航班很多的机场更是如此。另外,预配可以预先了解航班的剩余业载的大致情况,有助于积极筹集客货,减少航班空载。

（二）结算

由于预配时,旅客人数、行李重量都是预估值,只有在飞机起飞前 30 分钟(或 45 分钟),即值机柜台停止办理乘机手续后,才能得知实际准确的业载情况,因此,预配货物的结果不是最终运输的结果,待运货物数量和种类需要在航班关闭后根据旅客、行李、邮件的实际载运情况在预配的基础上进行适当调整,以确保飞机不超载,同时充分利用飞机业务载重量,这个过程称为结算。结算中进行拉货或加货的处理需要对应修改货邮舱单和装机通知单。

配载人员完成结算工作后,需要和平衡人员交接货邮舱单和装机通知单。平衡人员根据飞机实际载重分布,制作电子舱单或手工载重平衡图,求出飞机的重心位置,如重心位置不符合要求,应迅速算出客货舱需要调整的重量,通知相关人员照办,并修改相关业务舱单。以上工作完成后,平衡人员应在航班起飞前的规定时间内与机组办理交接手续,在航班起飞后 5 分钟内拍发相关业务电报。

三、航班配载基本原则

配载工作是一项安全性强、责任重、时间紧迫、联系面广的工作。因此,必须遵守相应的原则规定、服务工作要求。

① 确保配载航班的飞机重心符合飞行要求、航班不超载。

② 遵循业载分配顺序:先配运旅客、行李,必须当班发运的政府指定货物、协议吨位内的邮件、紧急货物以及符合优先发运条件的货物,然后配运超过协议吨位的邮件、普通货物。

③ 充分利用航班吨位。尽量利用运程吨位配运远程货,近程吨位配运近程货;在必要时或没有远程货时,才能使用远程吨位配运近程货;避免用近程吨位装运远程货。

④ 预配时应留有机动吨位,宁加勿拉,避免预配过剩,造成超载而临时卸货,保证航班正点起飞。

⑤ 了解旅客、货邮的临时增减情况和装机情况,保证配载工作符合飞机载重平衡要求。

⑥ 航班离站后,发现计算错误或装卸错误,及时拍发电报或电话通知有关前方站。

⑦ 计算实际业载重量时,行李、邮件和货物的重量以 kg 为单位,尾数不足 1kg 部分四舍五入。旅客重量按折合标准计算。专机旅客每个成人按 80kg 计算。

⑧ 严格核对有关重量,做到"三相符"。

重量相符:载重表、载重电报上的飞机基本重量与飞行任务书相符;载重表、载重电报上的各项重量与舱单相符;装机单、加拉货物单等工作单据上的重量与舱单、载重表相符。

单据相符:装在业务文件袋内的各种运输票据与舱单相符。

装载相符:出发、到达、过站的旅客人数与舱单、载重表相符;各种物件的装卸件数、重量与舱单、载重表相符;飞机上各个货舱的实际装载重量与载重表、装机单相符。

四、航班配载相关业务单据

(一)货运单、邮运单

地面收货室接收货邮,开具货运单、邮运单后,会将相关的目的地联交给配载,作为随机文件之一和货邮一起运输。

(二)货运分批单

由于飞机载量或容积的限制,同一运单下,同一批货被分不同的航班发运,为了避免出现"有货无单"现象,配载需对分批货填制货运分批单来代替货运单,如图 5-1 所示。

航 空 货 运 分 批 单

始发站		目的站		运单号		
托运人姓名、地址				经办人		
邮编		电话				
收货人、地址				制单日期		
邮编		电话		地点		
代理人						
总件数	包装	计费重量	实际重量	货物品名		
本次	批次	件数	重量	待运	件数	重量
货运注意事项及其他						
货物到达处理记录				收货人签字		
通知方式		收货人				
交付人		日期				

图 5-1　货运分批单

(三)预配舱单

预配舱单是预配阶段,配载人员制作的飞机拟装载货物、邮件的清单。如果飞机在结算阶段,不进行加拉货邮,预配舱单内容将和货邮舱单一致。

(四)货邮舱单

货邮舱单是每一架飞机所装载货物、邮件的清单,是每一航班总申报单的附件之一,如图5-2所示。在国际航班上,也是向出境国、入境国海关申报飞机上所装载货物、邮件情况的重要文件,同时是承运人之间结算运费的依据之一。

货 邮 舱 单

航班号:××××　　　飞机号:××××　飞行日期:2015-05-12　　出发站:PVG　　到达站:SZX

序号	运单号码	件数	重量	普急	始发站	H的站	体积	货物品名	备注	代理人	营业点
BULK											
001	774 28428735	14	150.00	GEN	SHA	SZX	0.00	电子配件		经贸	北大门收
002	774 28429085	6	60.00	GEN	SHA	SZX	0.00	机械配件		经贸	北大门收
003	774 28432353	89	820.00	GEN	PVG	SZX	0.00	拼货	分批	大田	浦东
004	774 29387654	35	385.00	GEN	PVG	SZX	0.00	拼货	分批	飞豹	浦东
005	774 31159601	17	465.00	GEN	PVG	SZX	0.00	拼货		成都通安	浦东
006	774 31999435	1	89.00	GEN	PVG	SZX	0.00			金天地一	北大门收
007	774 32007474	14	423.00	GEN	SHA	SZX	0.00	电子配件		汀汕货运	北大门收
008	774 32033971	60	722.00	GEN	PVG	SZX	0.00	电子配件		柯莱	浦东
009	774 32033982	15	328.00	GEN	PVG	SZX	0.00	电子配件		柯莱	浦东
010	774 32034004	137	2300.00	GEN	PVG	SZX	0.00	电子配件		柯莱	浦东
011	774 32073300	29	294.00	GEN	SHA	SZX	0.00	宣传资料 服饰 电子配件		双臣一城	北大门收

		本页小计	货物	11	票	417	件	6036.00	公斤
制表			邮件	0	票	0	件	0.00	公斤
保管		总计	货物	11	票	417	件	6036.00	公斤
复核			邮件	0	票	0	件	0.00	公斤
制单　×××									

图5-2　货邮舱单

(五)装机通知单

装机通知单也称为装载通知单,简称装机单(见附录),是配载人员填制或认可的,是装载部门进行飞机装载作业的依据。

(六)配载外场工作检查单

配载外场工作检查单是配载外场人员填写的反映装卸人员是否按装机单要

求装载货邮情况的单据。

货运单、邮运单、货运分批单、货邮舱单、装机通知单是随机业务文件，在航班离站前用业务袋统一封装，与机组进行交接。

第二节 单航段航班配载

单航段航班配载，即直达航班配载，相对比较简单，在计算出始发站的最大业载后，就可据此进行航班实际业载的配算。

【例1】 CZ3952 航班执行 CAN 至 SHA 飞行任务，飞机最大起飞重量、最大着陆重量、最大无油重量分别为 82 000kg、73 500kg 和 68 000kg，修正后基重 32 000kg，起飞油量 15 000kg，其中航段耗油量 12 000kg。CAN 至 SHA 的座位预售 120/00/00(成人/儿童/婴儿)，协议邮件 50kg，CAN 到 SHA 待运货物 134 件，共 6200kg。请写出配载员预配过程。

航班关闭后，实际乘机旅客 125/01/00，行李 70 件，1200kg，无邮件，请写出配载员结算过程。

解：

(1)预配

根据三大全重计算本次航班最大业载：

最大业载 1：82 000−32 000−15 000＝35 000kg

最大业载 2：73 500−32 000−(15 000−12 000)＝38 500kg

最大业载 3：68 000−32 000＝36 000kg

最大业载＝MIN(35 000,38 500,36 000)＝35 000kg

预留旅客吨位：120×72＝8640kg

预留行李吨位：120×15＝1800kg

预留协议邮件吨位：50kg

因此，可配货物的吨位：35 000−(8640+1800+50)＝24 510kg

由于 CAN 至 SHA 的待运货物为 134 件，共 6200kg，不超过货舱的载量限制，在确认也不超过货舱容积限制的前提下，可以全部选配上飞机。

配载人员得出预配货物方案后，接下来需要制作预配舱单，通知货运人员取货，准备装机。如果是宽体机，则货运人员还需进行货物装箱板。然后配载人员制作装机通知单。完成这些工作后，该航班配载就暂时停止。直到航班关闭后，配载人员获得实际载运的旅客、行李、邮件信息后,这个航班的配载工作才又重新开始,进入结算阶段。

所以,题目中"实际乘机旅客 125/01/00,行李 70 件,1200kg,无邮件"这些数据在航班预配的时候是未知的,只有在航班关闭的时候,配载人员才能获得这些数据。

（2）结算

航班关闭后,实际乘机旅客人数 125/01/00,行李 70 件,1200kg,无邮件,装机货物 6200kg。

实际客货行邮重量合计:125×72+36×1+1200+0+6200＝16 436kg

航班剩余业载:35 000−16 436＝18 564kg>0

所以预配货方案可行,航班载量不超载,配载结束。

接下来配载人员需要制作货邮舱单,并与平衡人员进行航班交接。

第三节　多航段航班配载

多航段航班配载需要先进行航段业载分配。

一、航班始发站配载

（一）多经停点的航班

【例2】　某航班情况如下:

$$
\begin{array}{ccccc}
 & 6000 & & 4000 & \\
A & \text{———} & B & \text{———} & C & \text{———} & D \\
44\,600 & & 44\,800 & & 43\,200 &
\end{array}
$$

售票情况为:A—B:40;A—C:65;A—D:110,均为成人。协议邮件重量为:A—B:0kg;A—C:50kg;A—D:100kg。待运货物为:A—B:2000kg;A—C:6000kg;A—D:9000kg。

航班关闭后实际承载旅客、行李、邮件情况如表 5-1 所示。根据以上情况写出配载员预配和结算的过程。

表 5-1

航段	旅客/人	行李/kg	邮件/kg
A—B	40/00/00	500	0
A—C	70/00/00	950	100
A—D	112/00/00	1600	100

解:

(1)航段业载分配

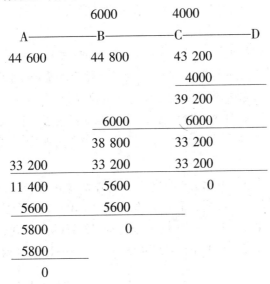

A 站出发的航段业载分配为:

A—B:5800　　A—C:5600　　　A—D:33 200

　　说明:各站的最大业载(44 600,44 800,43 200)是分别根据最大业载公式计算得出的,这里省略了计算过程。

(2)预配

结果如表 5-2 所示:

表 5-2

航段	可用业载	旅客	行李	邮件	可配货	合计
A—B	5800	40/2880	600	0	2320/2320	5800
A—C	5600	65/4680	975	50	−105/0	5705

续表

航段	可用业载	旅客	行李	邮件	可配货	合计
A—D	33 200	110/7920	1650	100	23 530/23 425	33 095
合计	44 600					44 600

说明:

①"可用业载"栏,填写航段业载分配结果。

②"旅客""行李""邮件"栏,分别填写预计承载的旅客人数/重量、行李重量和邮件重量。

③"可配货"栏由两部分组成,表示"(航段)剩余吨位/可配货物重量",其中,剩余吨位计算公式:剩余吨位=可用业载-旅客重量-行李重量-邮件重量。

当"剩余吨位"大于0时,意味着相应航段有吨位运输货物。

当"剩余吨位"小于0时,说明该航段的业载吨位在预留旅客、行李、邮件运输吨位后已经不足,因此没有吨位配运货物了,所以,此时"可配货物重量"应为0。

当近程航段"剩余吨位"小于0时,该航段仍有条件继续配运,因为吨位不足可由一个或几个远程航段的剩余吨位弥补。如上表中,A—C段预留运输旅客、行李、邮件的吨位不足105kg,而A—D段剩余吨位23 530kg,因此,可以弥补A—C段吨位的不足,最后,23 530-105=23 425kg才是A—D航段的可配货物重量。

④最后一列的"合计",计算公式:合计=旅客重量+行李重量+邮件重量+可配货物重量。"合计"栏起到检验作用,如果预配过程计算无差错,同时预配过程航班无超载迹象,则表中左右列合计值应相等。如上表中,左边列合计44 600和右边列合计44 600相等。如果不等,要么是计算错误,要么是在预配过程就出现超载。

(3)选配货物

目前,待运货物的情况为:A—B:2000kg,A—C:6000kg,A—D:9000kg,而预配得出各航段可配货物重量为:A—B:2320kg,A—C:0kg,A—D:23 425kg。

根据航班吨位使用原则,远程吨位配运远程货,近程吨位配运近程货;在没有远程货时,可使用远程吨位配运近程货。因此,在不超过飞机舱位容积限制的前提下,可以将待运货物全部选配上航班。

（4）结算

根据航班关闭后的实际业载,结算结果如表5-3所示:

表5-3

航段	可用业载	旅客	行李	邮件	实配货	合计	备注
A—B	5800	40/2880	500	0	2000	5380	-420
A—C	5600	70/5040	950	100	6000	12 090	6490
A—D	33 200	112/8064	1600	100	9000	18 764	-14 436

说明:

①"旅客""行李""邮件"栏是根据航班实际承载情况填写的,不是预计值。由于预配货物此时已装机或等待装机,所以,预配中选配的货物在结算阶段就是实配货。

②"合计"栏,计算公式:合计=旅客重量+行李重量+邮件重量+实配货重量。

③"备注"栏,该栏用于判断各航段吨位利用情况,计算公式:备注=合计-可用业载。如果结果为正,表示相应航段所分配的吨位不足;如果结果为负,表示相应航段所分配的吨位有剩余。

（5）审核

A站:(-420)+6490+(-14 436)=-8366

表示:现有载量下,飞机从A站起飞,机上还有剩余吨位8366kg,飞机不超载。

虽然A—C航段备注栏值6490,意味着A—C航段所分配的吨位不足以运输对应目的地的客货行邮,但由于其他航段有剩余吨位,所以可以解决A—C航段吨位不足的问题。飞机在A站起飞是同时运输到三个目的地的业载,所以,A站总剩余吨位情况为三个航段备注栏值加总。

B站:6490+(-14 436)=-7946

表示:在B经停站,飞机起飞时,机上供A站始发的过站载量利用的吨位还剩余7946kg,飞机不超载。

C站:-14 436

表示:在C经停站,飞机起飞时,机上供A站始发的过站载量利用的吨位还剩余14 436kg,飞机不超载。

综上,飞机在 A 站起飞,承载现有载量经过航程各站,均不超载,所以,预配货物方案可行。

说明:通常到此,配载员关于预配和结算的计算就结束了。但有时候,因为考虑到可能临时增运的货物,所以还可以继续对航班剩余业载进行利用。

(6)剩余业载利用

由表 5-3 备注栏值可知,现有载量下,飞机上,A 站到前方三个目的地分配的吨位剩余为:A—B:420;A—C:0;A—D:14 436-6490=7946。

假设,航班关闭后,又来了一批紧急货物 A—B:500kg 和 A—D:2000kg 有待运输,那么配载应在保证航班不延误的前提下给予安排。将剩余吨位的结果和待加运货物比较,得出在不超过飞机容积限制的前提下,可以将这些紧急货物全配运上飞机。

(二)单经停点的航班

【例3】 某航班情况如下:

$$
\begin{array}{ccc}
& 7000 & \\
A\!\!-\!\!\!-\!\!\!-\!\!\!-\!\!\!-\!\!\!-\!\!\!-B\!\!-\!\!\!-\!\!\!-\!\!\!-\!\!\!-\!\!\!-\!\!\!-C \\
25\ 120 & 23\ 250 &
\end{array}
$$

售票情况为:A—B:40/00/00;A—C:70/00/00;没有协议邮件。待运货物为:A—B:4000kg;A—C:11 000kg。

航班关闭后实际承载旅客、行李情况如表 5-4 所示,没有邮件,根据以上情况写出配载员预配和结算的过程。

表 5-4

航段	旅客/人	行李/kg
A—B	43/00/00	700
A—C	69/00/00	1000

解:

(1)航段业载分配

A 站出发的航段业载分配为:A—B:8870,A—C:16 250。

（2）预配

结果如表 5-5 所示：

表 5-5

航段	可用业载	旅客	行李	邮件	可配货	合计
A—B	8870	40/2880	600	0	5390/5390	8870
A—C	16 250	70/5040	1050	0	10 160/10 160	16 250
合计	25 120					25 120

（3）选配货物

∵ 待运货：A—B:4000kg，A—C:11 000kg，可配货物重量：A—B:5390kg，A—C:10 160kg

∴ 在不超过飞机舱位容积限制的前提下，可以选配 A—B:4000kg，A—C:10 160kg货物。

（4）结算

结果如表 5-6 所示：

表 5-6

航段	可用业载	旅客	行李	邮件	实配货	合计	备注
A—B	8870	43/3096	700	0	4000	7796	−1074
A—C	16 250	69/4968	1000	0	10 160	16 128	−122

（5）审核

A 站：（−1074）+（−122）=−1196，有剩余吨位

B 站：−122，有剩余吨位

所以，现有载量下，飞机不超载，预配货物方案是可行的。

（6）剩余业载利用

由于，A—C 还有待运货物 11 000−10 160＝840kg，A—C 航段还有剩余吨位 122kg，所以在航班不延误的前提下，还能再加货 A—C 122kg。

说明：本章的例题都是以满载为基础进行计算的，实际工作中由于货舱载重量限制、容积限制、飞机重心范围等因素影响，很难做到按最大业载进行配载，也很难实现100%利用吨位，但配载的思路是一致的。

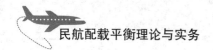

二、航班经停站配载

经停站的配载工作内容与始发站基本相同,也分为预配和结算两步进行。通常先根据本站固定配额和临时索让情况进行预配,在接到后方站发来的航班载重电报后,从本站的最大业载中扣除本站的过站业载,算出本站的实际可用业载并进行航段业载分配,据此进行结算工作。

由于始发站及所有后方经停站在配载时都应做到不占用前方站的固定配额和临时索让,因此一般情况下经停站的实际可用业载都不会低于其固定配额和临时索取吨位。所以,如果后方站缺载而本站又可以利用空出的吨位,在本站有待运业载时应加以利用。

如果后方站占用了本站的吨位而影响本站的装载时,应根据实际情况决定是否拉卸过站货物。对于多航段航班来说,各站要互相配合,顾全大局,以提高整个航线的运输经济效益。

【例4】 某航班航程为 A—B—C—D。飞机起飞后,始发站 A 发出载重电报:A—B 航段运输的业载为 6300kg,A—C 航段运输的业载为 10 500kg,A—D 航段运输的业载为 28 500kg。B 站的最大业载为 56 000kg,飞机经停 B 站后起飞,发出载重电报:B—C 航段运输的业载为 5600kg,B—D 航段运输的业载为 8400kg。C 站的最大业载为 56 500kg。试分别计算 B 站、C 站的过站业载和实际可用业载量。

解:

A—C 航段和 A—D 航段运输的业载需经过 B 站而不在 B 站卸下,因此为 B 站的过站业载。所以有:

B 站的过站业载为:10 500+28 500=39 000kg

B 站的实际可用业载量为:56 000−39 000=17 000kg

A—D 航段和 B—D 航段运输的业载需经过 C 站而不在 C 站卸下,因此皆为 C 站的过站业载。所以有:

C 站的过站业载为:28 500+8400=36 900kg

C 站的实际可用业载量为:56 500−36 900=19 600kg

【例5】 某航班情况如下:

<pre>
              6000   4000
  A ────────── B ────────── C ────────── D
 44 600   44 800   43 200
</pre>

经停站 B 售票情况为:B—C:15;B—D:30,均为成人。协议邮件重量:B—C:0kg;B—D:50kg。待运货物:B—C:1200kg;B—D:2000kg。

飞机从 A 站起飞后,B 站收到 A 站拍发的载重电报,知道 A 站出发到 C 站目的地的客货行邮载量为 12 090kg,到 D 站目的地的客货行邮载量为 18 764kg。B 站航班关闭后,B 站出发的实际旅客、行李、邮件情况如表 5-7 所示。根据以上情况写出 B 站配载员预配和结算的过程。

表 5-7

航段	旅客/人	行李/kg	邮件/kg
B—C	17	220	0
B—D	31	500	0

解:

(1)预配

经停站根据本站固定配额和临时索让情况进行预配,结果如表 5-8 所示:

表 5-8

航段	可用业载	旅客	行李	邮件	可配货	合计
B—C	0	15/1080	225	0	-1305/0	1305
B—D	6000	30/2160	450	50	3340/2035	4695
合计	6000					6000

(2)选配货物

根据预配的结果,B—C 航段可配货物重量 0kg,B—D 航段可配货物重量 2035kg。待运货物:B—C:1200kg,B—D:2000kg。

所以,选配 B—C:35kg、B—D:2000kg 货物装上飞机。

(3)收到载重电报后,计算 B 站实际可用业载并分配

飞机从 A 站起飞后,B 站收到 A 站拍发的载重电报,获知 A—C 航段载量为 12 090kg,A—D 航段载量为 18 764kg。此时,B 站实际可用业载为:44 800-12 090-18 764=13 946,大于原有的固定配额 7000。航段业载分配如下:

```
                    6000        4000
A ——————— B ——————— C ——————— D
44 600      44 800      43 200
12 090      12 090
            32 710
18 764      18 764      18 764
            13 946      24 436
                         4000
                        20 436
             6000        6000
             7946       14 436
             7946        7946
                0        6490
                        6490
                           0
```

B 站实际可用业载分配为:B—C:0;B—D:13946

(4)结算

结果如表5-9所示:

表5-9

航段	可用业载	旅客	行李	邮件	实配货	合计	备注
B—C	0	17/1224	220	0	35	1479	1479
B—D	13 946	31/2232	500	0	2000	4732	−9214

(5)审核

B 站:(1479)+(−9214)=−7735,有剩余吨位

C 站:−9214,有剩余吨位

所以,现有载量下,航班不超载,预配货物方案是可行的。

(6)剩余业载利用

由于,B—C 还有待运货物 1200−35＝1165kg,虽然 B—C 航段没有剩余吨位,但 B—D 航段还有剩余远程吨位 9214−1479＝7735kg,所以在航班不延误的前提下,还能再加货 B—C1165kg。

【例6】　上例中,经停站C售票情况为C—D:20/00/00,无协议邮件,待运货物:C—D:1500kg。

飞机从B站起飞后,C站收到A站、B站拍发的载重电报,知道A站过站C业载为18 764kg,B站过站C业载为4732kg。C站航班关闭后,实际乘机人数19人,行李350kg,无邮件。根据以上情况写出C站配载人员预配和结算的过程。

解：

(1)预配

结果如表5-10所示:

表 5-10

航段	可用业载	旅客	行李	邮件	可配货	合计
C—D	4000	20/1440	300	0	2260/2260	4000

(2)选配货物

根据预配的结果,C—D航段可配货物重量2260kg,待运货物:C—D:1500kg。

所以,选配C—D:1500kg货物准备装机。

(3)收到载重电报后,C站实际可用业载为:43 200-18 764-4372=20 064

(4)结算

结果如表5-11所示:

表 5-11

航段	可用业载	旅客	行李	邮件	实配货	合计	备注
C—D	20 064	19/1368	350	0	1500	3218	-16 846

(5)审核

C—D:-16 846

所以,现有载量下,航班不超载,预配货物方案是可行的。

第四节　航班超载的处理

一、航班超载的原因

① 实际乘机旅客人数、行李、邮件重量超过预配估计数太多,导致飞机上客

货行邮实际载量超过飞机的最大业载,造成超载。

② 临时调整飞机、机型由大调小时,调整后飞机的最大业载不能满足原飞机的载量,造成超载。

③ 由于机场场温、场压、风向等限制飞机最大起飞重量的因素发生变化,导致飞机必须减载起飞,造成超载。

二、航班超载的处理原则

① 发生超载后,拉载顺序:首先拉普货、超过协议吨位的邮件,再拉紧急货、协议吨位内邮件、行李,最后拉免票旅客、优惠折扣票价旅客。

② 拉货应坚持"宁多勿少"的原则。例如:A—B 航段需要拉下货物 200kg,但实际卸货的时候,一般很难正好凑成 200kg,因此,要遵守"宁多勿少"的原则,并尽可能将所拉货物的货运单一并取出。

③ 临时拉下的货物,应尽早在后续航班运出,若原货运单已运至前方站,应在货邮舱单上注明。

④ 当只有近程航段出现超载时,拉载时先拉近程业载;若仍不足以解决超载问题,才拉远程业载,以减少后续航段的空载。

⑤ 若几个航段同时存在超载现象,则先解决前方航段超载,再解决后方航段超载。因为前方航段超载的解决能缓解后方航段超载问题。

⑥ 当座位和吨位都超载时,先解决座位超载,再解决吨位超载。座位超载通常发生在航班超售情况下,由客运人员解决。

三、航班超载处理示例

【例 7】 某航班情况如下:

$$10\ 000$$
$$A \text{————} B \text{————} C$$
$$25\ 400 \qquad 24\ 200$$

航班关闭后实际承载旅客、行李、邮件、货物情况如表 5-12 所示:

表 5-12

航段	旅客/人	行李/kg	邮件/kg	货物/kg
A—B	60/00/00	1150	100	7000
A—C	80/00/00	1500	200	7300

根据以上数据,判断航班载量有没有问题,若有问题,分别考虑在以下情况下超载的解决办法。

① A 站无法向 B 站临时索取吨位。

② A 站可以向 B 站临时索取 2000kg 吨位。

解：

(1)航班超载的判断有两种方法

方法一:判断相应航段所分配的吨位能否确保对应目的地的客货行邮运输。(即配载结算阶段审核)

A 站出发的航段业载分配为:A—B:11 200　　A—C:14 200

超载判断,结果如表 5-13 所示:

表 5-13

航段	可用业载	旅客	行李	邮件	实配货	合计	备注
A—B	11 200	60/4320	1150	100	7000	12 570	1370
A—C	14 200	80/5760	1500	200	7300	14 760	560

审核:

A 站:1370+560=1930,超载

B 站:560,超载

因此,飞机若以现有载量起飞,在 A 站将超载 1930kg,在 B 站将超载 560kg。

方法二:直接计算各起飞站实际客货行邮载量是否超过其最大业载或允许的过站吨位。

A 站:(60×72+1150+100+7000)+(80×72+1500+200+7300)= 27 330

　　　　27 330-25 400=1930,超载

B 站:80×72+1500+200+7300=14 760

　　　　14 760-(24 200-10 000)=560,超载

因此,飞机若以现有载量起飞,在 A 站将超载 1930kg,在 B 站将超载 560kg。

(2)超载处理

① A 站无法向 B 站临时索取吨位。此时,解决超载只能依靠拉载。

先解决远程航段超载,所以,拉下 A—C560kg 货物,解决了 A 站过站载量在 B 站超载问题。

此时,A 站超载吨位变为 1930-560=1370kg,且仅有近程航段超载,所以再

拉下 A—B1370kg 货物后，航班超载问题得到解决。

② A 站可以向 B 站临时索取 2000kg 吨位。

B 站的配额是供 B 站出发的业载在 B—C 航段运输使用的，A 站向 B 站临时索取 2000kg 吨位，相当于 A 站的业载在 B—C 航段运输多了 2000kg 的可用吨位。

560<2000

所以，索取吨位后，A 站过站业载在 B 站超载 560kg 的问题得到了解决。

但 A 站超载 1930kg 还没有解决，依然只能拉载，拉下 A—B1930kg 货物后，航班超载问题得到解决。

 ## 习题与思考

1. 航班配载的基本原则是什么？

2. 配载工作需要哪些部门配合，它们的作用是什么？

3. 配载"三相符"指什么？

4. 始发站配载和经停站配载有什么不同？

5. 超载的成因有哪些？

6. MU5540 航班执行 SHA 至 XMN 飞行任务，飞机起飞全重、落地全重、无油全重分别为 78 500kg、80 500kg 和 79 300kg，修正后基重 43 200kg，起飞油量 13 000kg，航段耗油量 9000kg。SHA 至 XMN 的座位预售 98/02/00，协议邮件 100kg，SHA 至 XMN 待运货物 5000kg。航班关闭后，实际乘机旅客 101/02/00，行李 1350kg，无邮件。根据以上情况写出配载员预配和结算的过程。

7. 某航班情况如下：

$$6000$$
$$A\text{————}B\text{————}C$$
$$24\ 600\qquad 25\ 200$$

售票情况为 A—B:70；A—C:90，均为成人。协议邮件重量为 A—B:50kg；A—C:100kg。待运货物为 A—B:3000kg；A—C:6000kg。

航班关闭后实际承载旅客、行李、邮件情况如下表。根据以上情况写出 A 站配载员预配和结算的过程。

航段	旅客/人	行李/kg	邮件/kg
A—B	72/00/00	600	0
A—C	89/00/00	950	60

8. 某航班情况如下:

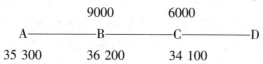

经停站 B 售票情况为 B—C:30;B—D:30,均为成人。协议邮件重量 B—C:0kg,B—D:100kg。待运货物:B—C:1000kg;B—D:3000kg。

飞机从 A 站起飞后,B 站收到 A 站拍发的载重电报,知道 A 站出发到 C 站目的地的客货行邮载量为 8980kg,到 D 站目的地的客货行邮载量为 15 460kg。B 站航班关闭后,B 站出发的实际旅客、行李、邮件情况如下表。根据以上情况写出 B 站配载员预配和结算的过程。

航段	旅客/人	行李/kg	邮件/kg
B—C	29	300	0
B—D	31	600	50

9. 某航班情况如下:

$$12\ 000$$
$$A\text{————}B\text{————}C$$
$$33\ 200 \qquad 32\ 700$$

航班关闭后实际承载旅客、行李、邮件、货物情况如下表所示:

航段	旅客/人	行李/kg	邮件/kg	货物/kg
A—B	90/00/00	1550	200	7000
A—C	120/00/00	2500	300	9900

根据以上数据,判断航班载量有没有问题,如有问题,请写出在以下情况下超载的处理方案。

① A 站无法向 B 站临时索取吨位。

② A 站可以向 B 站临时索取 1000kg 吨位。

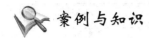

案例与知识

成都空港货运站双保险配货方案

在航空货运中,行李重量是确定飞机货邮可用载量的一个重要因素,如果行李重量较大,则货邮可用载量就相对较小。在成都空港货运站(以下简称空港货站),对于某些国际航班,配载人员一般根据国航西南地面服务部结载室的预计行李重量预配货物,而实际行李重量与预计重量时有偏差,往往会造成舱位的浪费。又由于国际航班报关手续复杂、报关时间限制等致使配载人员来不及更改仓单,补配货物。为解决这一问题,近日,空港货站配载部门在多次实践的基础上经过逐步探索,拟订了国际航班"双保险"配货方案,提高国际航班的舱位利用率。

所谓"双保险"方案,是指空港货站配载人员根据国际航班预计行李重量采用货物备份的方法,提前打印两份载量不同的舱单,一份按预计行李重量预配货物,另一份配货量则有所增加,然后准备好相应重量的货物备装。做好以上准备后,在航班起飞前40分钟派一名配载人员在结载室等候公布行李的准确重量,同时派另一名配载人员在海关等候随时报关,最后根据结载室的最终数据确定采用哪一种配货方案,若实际行李重量较小,则可以采用第二套方案,这样就可以多装一定重量的货物。

例如,国航的 CA427 成都—香港航班多由空中客车 A319 机型执行,当该航班满客时,国航西南分公司地面服务部结载室预计行李 2000kg,仅余 800kg 舱位。按照上述双重配货方案,则可以按要求打印一份载量为 800kg 的正式舱单,配 800kg 左右的货物;另外打印一份载量为 1200kg 的正式舱单,并通知国货航西南营销中心吨控人员准备 400kg 货物备装,当最终确定行李重量远小于 2000kg 时,就可以根据载量为 1200kg 的舱单进行报关,多保障 400kg 货物出港。

虽然采用这样的"双保险"方案无疑会增加空港货站配载人员的工作量,但却能保障舱位的合理利用,大大提高国际航班的载运率。目前,此方案已经推广至 CA427、KA821 等国际航班,得到了国货航、港龙等客户航空公司以及 DHL、UPS 等国际货代公司的一致认可。

资料来源:成都空港货运站"双保险"配货方案.前程 99 学习网,2009-12-02.

第六章　货运装载

学习要点

- 货舱的结构载荷限制
- 货舱的容积、舱门限制
- 航空集装器
- 特种货物装载
- 装机通知单填制

　　货运装载是航空货物运输地面生产的重要环节。货运装载涉及散货装载、集装货物装载以及特种货物装载等。配载平衡人员必须清楚货运装载业务知识，才能够判断各种复杂货物的可装载性，正确填制装机通知单，指导装卸人员合理装机，以保证飞行安全。

第一节　货　舱

一、货舱布局

　　全货机主舱及下舱为货舱，客货混装机主舱后部及下舱为货舱，全客机仅下舱为货舱。全客机和全货机的货舱布局示例如图 6-1、图 6-2 和图 6-3 所示。

　　由于飞机制造商可以按航空公司的意图进行舱位布局，而航空公司是根据自身运营需要进行舱位布局规划的，因此，即使是同一机型，由于所属航空公司不同，其货舱布局也是不同的。配载平衡人员操作时应查看对应机型的装载技术数据。

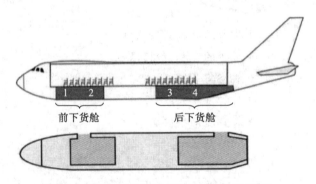

图 6-1　B737-800 客机货舱装载侧视和俯视

　　飞机的主舱前后贯通，下舱由于起落架舱的分隔，分为前下货舱和后下货舱。前下货舱通常又分为两分货舱：1 舱和 2 舱，后下货舱通常也分为两分货舱：3 舱和 4 舱。宽体飞机下货舱在机身尾部还有个散货舱，即 5 舱。

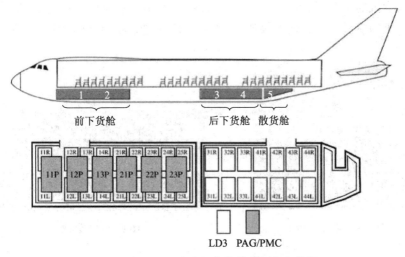

图 6-2 **B777-200 客机货舱装载侧视和俯视**

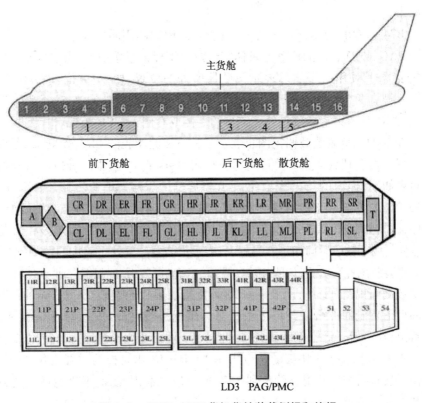

图 6-3 **B747-200F 货机货舱装载侧视和俯视**

全货机的主舱、宽体飞机的前后下货舱均为集装器舱,宽体飞机的散货舱和窄体飞机的前后下货舱则为散装舱。集装器舱和散装舱示例如图 6-4 和图 6-5 所示。

图 6-4　集装器舱

图 6-5　散装舱

为了便于装载,集装器舱内相应集装器的装载位置,均在飞机装载俯视图上标识出来。

以 B747-200F 为例,图 6-3 的主货舱装载俯视图用阴影块表示了其主货舱能装的 PAG 或 PMC 板的位置。具体字母及数字标识意思如下:当主货舱一排仅一个集装器时,使用一个字母表示集装器所处的位置,如:A 板位、B 板位、T 板位。当一排有两个集装器时,先用一个字母表示集装器所处的排,然后跟一个字母"L"或"R"表示集装器位置处于该排的左侧或右侧,如:CR 板位、CL 板位。

图 6-3 的下货舱装载俯视图也表示了其下货舱能装的 LD3 箱、PAG 或 PMC 板的位置。白色块代表 LD3 箱,阴影块代表 PAG 或 PMC 板。具体字母及数字标识意思如下:标识的第一个数字表示分货舱的编号,如:11L、11R、12L、12R、13L、13R、11P 均表示 1 舱。第二个数字表示该编号货舱内的排数,按从前到后的顺序编排,如:21P、22P、23P、24P。两个数字后面加个"P"则表示该位置是装载集装板。两个数字后面加个"L"或"R"表示集装器位置处于该排的左侧或右侧。图中板箱装载位置有重叠,说明相应位置可装箱也可装板,但只能二者择一。

从装载俯视图可以看出,B747-200F 货机的主货舱能装 29 块 PAG 或 PMC 板。前后下货舱的板箱装载可以根据具体情况进行搭配,方案如表 6-1 所示。可以看出,在前后下货舱里,板箱替换情况是 1 块板的位置占用 4 个箱位,2 块板的位置占用 6 个箱位,3 块板的位置占用 10 个箱位,4 块板的位置占用 12 或 14 个箱位。板箱搭配应从提高舱位利用率的角度出发,因此,前下货舱适宜的方案是不装板或配置偶数板,后下货舱适宜的方案是不装板或 2 板 8 箱方案。

表6-1　前后下货舱板箱搭配方案

	板箱搭配				
前下货舱	16箱	1板12箱	2板10箱	3板6箱	4板4箱	5板
后下货舱	14箱	1板10箱	2板8箱	3板4箱	4板	

二、货舱的压力和温度

随着飞机飞行高度的上升，外界大气温度不断下降，气压也不断下降。在11 000m的高空，大气温度约为 $-56℃$，气压约为226.99hPa，约是地面气压的1/4。因此，在一定的飞行高度上，为了保障货物运输安全，需要对货舱采取环境保护措施，包括增压、加温、通风等。

增压，是将飞机机舱密封，然后给它供气增压，使舱内压力大于外界的大气压力，接近地面大气压力值。

加温，是给货舱加温，保持货舱温度在 $0℃$ 以上，防止冻坏货物。货舱加温的气体来源于电子设备舱冷却的排气和经机舱地板格栅进入的客舱空气。

通风，是利用风扇将客舱循环空气送到货舱，在货舱流通后排出机外，以保持货舱空气的新鲜度。

现代飞机货舱普遍为增压舱，但航空公司为了节约成本，一般都会选装货舱温控和通风系统。比如：只装前下货舱，或者只装后下货舱。当货舱装有温控和通风系统时，比较适宜运输鲜活货物。当货舱不能加温和通风时，此时货舱的温度无法控制，同时氧气的含量有限。因此，此类货舱通常装载旅客行李和普通货物。可以装载自带氧气的水产品、冷血动物等，只允许装载少量依靠外界供氧的活体动物。

三、货舱的结构载荷限制

飞机货舱内装载的货物重量会对飞机机身形变施加影响，为了保护飞机货舱地板、框节机构乃至整个飞机机体不受损坏，货物装载要严格遵循货舱的结构载荷限制。飞机的《载重平衡控制与装载手册》详细说明了相关的装载许可限制，配载平衡人员应据此对货舱的结构载荷进行检查。

（一）线性载荷限制［Linear（Running）Load Limitation］

线性载荷限制是机身纵向单位长度飞机地板的最大装载重量限制。货物对机舱地板线性载荷的计算公式如下：

$$线性载荷 = \frac{货物重量}{受力面长度（机身纵向）}$$

不同机型的线性载荷限制不同，即使同一机型在不同舱位上，线性载荷限制也会有不同。例如：B747-400F主舱228~524in站位的线性载荷限制为1516kg/m，525~987in站位的线性载荷限制为3035kg/m，988~1480in站位的线性载荷限制为5177kg/m。货物装载时如果超过货舱线性载荷限制，则需要使用垫板来增加荷载长度。

【例1】 一件平底货物，重量1200kg，长0.8m，宽0.6m，计划货物长边沿机身纵向装载，货物装载舱位的线性载荷限制为1390kg/m。问货物该如何装载？（不考虑垫板重量）

解：

货物对地板的线性载荷为：

1200÷0.8＝1500kg/m ＞1390kg/m，超过货舱的线性载荷限制。

所以，不能直接装载该货物，需要使用垫板增加纵向受力长度。

最低垫板长度为：1200÷1390≈0.86m。

为了防止货物侧翻，垫板宽度应不小于货物的宽度。

（二）面积载荷限制（Area Load Limitation）

面积载荷限制是单位面积飞机地板的最大装载重量限制。货物对机舱地板面积载荷的计算公式如下：

$$面积载荷 = \frac{货物重量}{受力面积}$$

不同机型、不同舱位，有不同的面积载荷限制。表6-2是飞机的面积载荷限制数据。货物装载时如果超过货舱面积载荷限制，则需要使用垫板来增加荷载面积。

表6-2 飞机的面积载荷限制数据

（单位：kg/m²）

波音系列	下货舱散装舱	732
	下货舱集装器舱	976
	主货舱	1952
	主货舱最后一板位	488

续表

空客系列	下货舱散装舱	732
	下货舱集装器舱	1050

【例2】 一件平底货物,重量5300kg,长2.7m,宽0.8m,拟用B747-400F的主货舱,使用PMC集装板运出,货物长边沿机身纵向装载。该舱位的线性载荷限制为3035kg/m,面积载荷限制为1952kg/m²,PMC集装板的面积载荷限制为1464kg/m²。问货物该如何装载?(不考虑垫板重量)

解:

根据国际通行做法,在计算货物对地板的压力时,不管货物是装在什么型号的集装器上,一律将集装器视为飞机货舱地板的一部分,此时面积载荷限制按集装器的限制进行。

货物对地板的线性载荷为:

$$5300 \div 2.7 \approx 1963kg/m < 3035kg/m,没有超过货舱的线性载荷限制。$$

货物对地板的面积载荷为:

$$5300 \div (2.7 \times 0.8) \approx 2454kg/m^2 > 1464kg/m^2$$

所以,不能直接装载该货物,需要使用垫板来增加受力面积,垫板面积为:

$$5300 \div 1464 \approx 3.62m^2$$

使用垫板后,货物自身受力面积以外应扩展的面积为:

$$3.62 - (2.7 \times 0.8) = 1.46m^2$$

货物自身受力面积四边各应向外扩展的长度为:

$$1.46 \div (2.7 \times 2 + 0.8 \times 2) \approx 0.21m$$

因此,如图6-6所示:

垫板的长度为2.7+0.21×2=3.12m,垫板的宽度为0.8+0.21×2=1.22m。

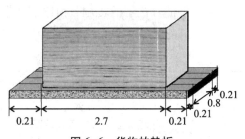

图6-6　货物的垫板

【例3】 一件平底货物，重量4800kg，长2m，宽1.5m，拟用B747-400F的下货舱，使用PAG集装板运出，货物长边沿机身纵向装载。该舱位的线性载荷限制为2071kg/m，PAG集装板的面积载荷限制为976 kg/m²。问货物该如何装载？（不考虑垫板重量）

解：

货物对地板的线性载荷为：

4800÷2=2400kg/m>2071kg/m，超过货舱的线性载荷限制。

所以，不能直接装载该货物，需要使用垫板增加纵向受力长度。

最低垫板长度为：4800÷2071≈2.32m

使用纵向垫板后，货物对地板的面积载荷为：

4800÷(2.32×1.5)≈1379kg/m²>976kg/m²

所以还需要使用垫板来增加受力面积，垫板面积为：

4800÷976≈4.92m²

使用纵向垫板后，应再次扩展的面积为：

4.92-(2.32×1.5)=1.44m²

使用纵向垫板后，四边各应向外扩展的长度为：

1.44÷(2.32×2+1.5×2)≈0.19m

因此，垫板的长度为2.32+0.19×2=2.7m，垫板的宽度为1.5+0.19×2=1.88m。

注意：货物装上飞机后，货舱地板承受的重量包括垫板的重量，所以，实际计算时，应考虑垫板重量。常见的做法有：对直接采用货物重量计算的垫板长宽作一定比例的放大；或者，按照货物重量的4%估算垫板重量。例如：上例中，以货物重量的4%估算垫板重量情况下，垫板面积为：4800×1.04÷976≈5.11m²。

（三）货舱载荷限制（Compartment Load Limitation）

货舱载荷限制是飞机货舱的最大装载重量限制。不同机型、不同货舱，有不同的货舱载荷限制。表6-3是部分机型的货舱载荷限制数据。

表6-3 货舱载荷限制数据

（单位：kg）

机型	1舱	2舱	3舱	4舱	5舱
B737-700	814	1021	2409	763	—
B767-300	8230	8230	7242	5432	2925

续表

机型	1舱	2舱	3舱	4舱	5舱
B777-200	15 308	17 778	11 112	12 700	4082
B787-8	15 306	12 700	10 771	9525	2735
A320	2265	1615	1405	1497	—
A330-300	9252	19 044	12 696	9522	3468

（四）联合载荷限制（Combined Load Limitation）

联合载荷限制是飞机相连的 2 个或 3 个货舱装载重量和的限制,包括机身纵向和垂直方向。联合载荷限制一般小于相连货舱的各自载荷限制的和。例如,如图 6-7 所示,B787-8 飞机前下货舱分为 1 舱和 2 舱,它们的载荷限制分别为 15 306kg 和 12 700kg,前下货舱的联合载荷限制为 25 514kg,小于 1 舱和 2 舱各自载荷限制的和。前下货舱位置对应的主货舱的载荷限制为 30 510kg,该机身位置的联合载荷限制为 54 510kg,小于主货舱和前下货舱各自载荷限制的和。

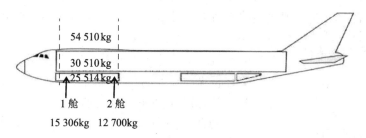

图 6-7　联合载荷限制示意

（五）累积载荷限制（Cumulative Load Limitation）

累积载荷限制是飞机机身前部分和后部分的装载重量和的限制,以防止飞机前机身和后机身因超载而发生机身弯曲或者断裂。计算累积载荷时,机身前半部分由前往后累加,机身后半部分由后向前累加。如图 6-8 所示,由于累积载荷限制的存在,飞机 3 舱、4 舱、5 舱的实际装载限制要小于其货舱载荷限制。

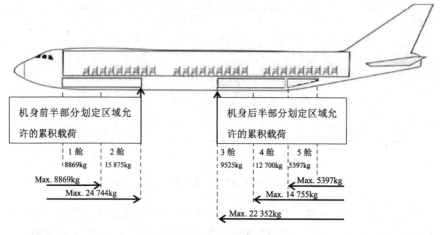

图 6-8　累积载荷限制示意

（六）两侧不对称载荷限制（Asymmetrical Load Limitation）

图 6-9　两侧
不对称载荷限制

两侧不对称载荷限制是宽体飞机主货舱内，当一侧装载的货物超过对称载重时，另一侧允许的最大装载限重，如图 6-9 所示。

宽体飞机主货舱除了机头和尾部不多的几块板位外，为两块集装板纵向并列的装舱方式，两侧的板位装载量可以不一致，但不得超过两侧不对称载荷限制。

例如：B777F 飞机主货舱的 E 区域（EL 和 ER），可以装载两个 PMC 板，每个 PMC 板最大可装载重量为 4075kg，即 E 区域最大可装载重量为 8150kg。如果 E 区域某一侧装载超过了 4075kg，比如，EL 位置装载 5000kg，则查阅《载重平衡手册》，根据两侧不对称载荷限制，ER 位置可装载的最大重量为 1995kg，此时 E 区域允许的最大装载重量为 6995kg。

四、货舱的容积限制

货舱作为封闭的空间，存在容积限制。例如 B737-700 飞机，前下货舱最大容积为 11m³，后下货舱最大容积为 16.4m³。货运装载时，不仅要满足货舱的结构载荷限制，还要满足货舱的容积限制。

由于货舱截面轮廓的因素、货物之间的缝隙空间及部分无法利用空间的存在,散装舱实际可利用容积要小于设计容积,如图6-10所示。对于集装器舱而言,货舱容积的管理相对简单,因为货物在装机前已装入集装器,只要按箱板位数量配置即可,但是货物在集装器上装载时,依然存在实际可利用容积小于设计容积的问题。

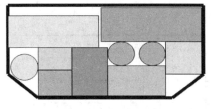

图6-10　货舱容积利用

实际工作中,货舱设计容积的实际利用率一般不超过85%,通常在70%左右。货舱可装载货物体积的计算公式如下:

货物体积=(货舱设计容积−行李体积/行李容积利用率)×货物容积利用率

【例4】　B777-200飞机散货舱设计容积为17m³。货物装载容积利用率为80%,旅客行李体积6m³,行李装载容积利用率为75%。问该散货舱实际可装载货物的体积为多少?

解:

$$货物体积=(17-6\div0.75)\times0.8=7.2 \text{ m}^3$$

货运装载中,有时轻泡货物已占满了货舱容积,但尚未达到货舱重量限额。有时高密度货物的重量已达到货舱重量限额而货舱内仍有较多的容积无法利用。因此,将轻泡货物和高密度货物混运装载,是货运装载比较经济可行的方法。

五、货舱的舱门限制

货物只能通过舱门装入货舱内,因此货物的尺寸必然会受到所用机型舱门的大小以及机舱容积的限制。集装货物的组装高度如果超过舱门的高度,显然是无法进行装机的;同样,散货过长、过宽、过高也不能进入所配航班机型的舱门,无法实现运输。要确定货物是否可以装入货舱,需要查询相应机型的装载尺寸表。

例如:表6-4为B737-800前下货舱装载尺寸表,可以看出在保留足够安全间隔距离的前提下,前下货舱可装载货物的最大宽度为121cm,此时,可装载货物的最大长度为114cm。

【例5】　某货物高73cm,宽38cm,要装入B737-800前下货舱。问该货物装载允许的最大长度为多少?

解:

在表6-4宽栏中找到对应的38cm,做垂直线;在高栏找73cm所在的区间,做水平线与垂直线相交,交点的值264cm就是该货物装载允许的最大长度。

表 6-4 B737-800 前下货舱装载尺寸

（单位：cm）

高	宽									
	12	25	38	50	63	76	88	101	114	121
	长									
55~86	314	289	264	238	213	187	162	137	127	114
45~50	317	289	264	238	213	187	162	137	127	114
40	320	289	264	238	213	187	162	137	127	114
35	322	289	264	238	213	187	162	137	127	114
30	327	292	264	238	213	187	162	137	127	114
25	332	294	264	238	213	187	162	137	127	114
12	396	304	266	238	213	187	162	137	127	114

第二节 货运装载规定

一、货运装载原则

货运装载过程应遵循以下原则：

① 除了满足飞机的配载平衡和结构强度限制以外，装载业载时要保证各到达站（尤其是多航段航班）装卸处理迅速方便。

② 对于多航段航班来说，到达不同航站的业载必须容易辨认，为此有时在经停站需要部分地重装业载以保证飞机平衡和方便下站的装卸。

③ 装载业载的顺序应与业载到达站的顺序相反。所有站都应注意这一点，以保证在下一站卸载方便迅速。为了保证装载顺序，在空间允许时，经停站必须把本站装入的业载与到达相同目的站的过站业载堆放在一起，为此有时需要重新堆放过站业载。

④ 行李应该最后装机以便到达目的站后最先卸下来，尽快交给旅客。因此，当行李较多时，如果到达下站的行李分装在两个货舱内可能更好，这样可以加速行李的卸机。

⑤ 对于免费载运的业载，除去紧急或贵重物品外，应放在易取出的位置，以便万一航班超载时方便取出。

⑥ 重要旅客的行李应放在易于取出的地方(如舱门附近)并做明显标记,以便到达目的站后首先卸机交给旅客。

二、货运装机要求

货运装机时主要的要求如下:

① 装卸人员应严格按装机通知单要求,把货物装入飞机的指定舱位。

② 无论装载多少货物,都应轻拿轻放,堆放整齐,方便后方站处理。

③ 货物装机前、装机后,要核对件数,进行交接,防止漏装、多装。

④ 装机时要注意大不压小,重不压轻,木箱不压纸箱,不以货物棱角抵触机壁,以免损坏货物和飞机。

⑤ 超过货舱地板承受力的货物,装机时必须加上垫板。

⑥ 装机时应尽量把引起注意的标志摆在明显处。

⑦ 装机时应先装前舱,后装后舱。

⑧ 装机后应使用系留设备(网、锚链、带子、绳子等工具)固定好板、箱及货物,防止板箱、货物在飞机起飞、降落时滑动而损坏飞机和货物。

⑨ 装机过程中,若发现货物破损、有液体流出等不正常情况,应立即拉下该货物并报告相关部门查明原因,妥善处理。

第三节　集装货物装载

一、集装器概念

集装器(Unit Load Device,ULD)是航空货物运输中,用来装载货物的设备。使用集装器,承运人能够更好地处理大体积、大批量的货物运输,提高装卸工作效率和飞机载运率。集装器装上飞机后,可以通过飞机货舱地板上的锁定装置固定在飞机货舱地板上,此时集装器成为飞机的一部分,因此,集装器被视为飞机结构中可拆装的一部分。

在航班配载平衡工作中,应注意:航班业务载重量计算中应包括集装器本身的重量,所有集装器都应在装机通知单以及载重平衡表中显示出来,包括空的集装器。

二、集装器种类

(一)按适航性划分

集装器按其适航性可以分为适航审定的集装器和非适航审定的集装器。

1. 适航审定的集装器

适航审定的集装器是通过民航管理当局的适航审定、符合国际标准、适宜于飞机安全载运、在使用过程中不会对飞机的内部结构造成损害的集装器。

2. 非适航审定的集装器

非适航审定的集装器是某些技术数据偏离了国际通用标准,但经过本国民航管理当局或国际航协批准可以在某些特定机型上使用的集装器。如仅适宜于B767飞机的DPE、DQF集装器。

(二) 按结构特点划分

1. 集装板和网套

集装板是具有标准尺寸、四边带有卡锁轨或卡锁眼、具有中间夹层的硬铝合金制成的平板,如图6-11所示。网套是用来把货物固定在集装板上,网套是靠专门的卡锁装置来固定的。根据集装板所装货物的高度不同,集装板又分为高板、中板、低板。高板能装载货物高度到300cm,中板能装载到244cm高度,低板能装载的高度不超过163cm。当集装板允许装载的货物至少有一个方向超出集装板外形尺寸范围时,则该集装板又称为探板,如图6-12所示。

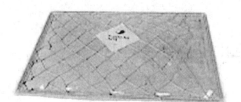

图6-11 集装板

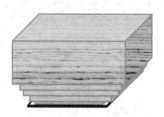

图6-12 探板

图6-13 国际标准集装箱

2. 集装箱

航空运输使用的集装箱可以分为3种:

① 国际标准集装箱。例如:20ft箱、40ft箱,如图6-13所示。这不是航空专用集装箱,只有大型货机的主货舱可以装载,主要用于陆空、海空联运。

② 主舱集装箱。集装箱高度为163cm或更高,只能用于货机的主舱内,如图6-14所示。

③ 下舱集装箱。只能装于宽体飞机的下

货舱,有全型和半型两种类型。下货舱内一个全型集装箱位可以放置两个半型集装箱,此类集装箱高度不得超过 163cm,如图 6-15 所示。

图 6-14　主舱集装箱

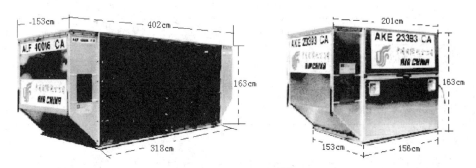

图 6-15　下舱集装箱

三、集装器识别代号

在每一集装器的面板或四周,都标有 10 位数字或拉丁字母组成的识别代号(1990 年前为 9 位,因其中编号为 4 位),如 DQF12211MU,见图 6-16,表示集装器的类型、尺寸、外形以及所有人等信息。集装器识别代号是由国际航空运输协会统一规定的。承运人的集装器在投入使用前,必须在国际航协进行代码注册。

图 6-16　集装器识别代号组成

集装器识别代号各部分的含义,具体如下:

① 第1位字母,代表集装器类型,字母具体含义如表6-5所示。

表6-5　集装器识别代号首字母含义

字　母	含　义	
A	CERTIFIED AIRCRAFT CONTAINER	适航审定的集装箱
D	NON-CERTIFIED AIRCRAFT CONTAINER	非适航审定的集装箱
F	NON-CERTIFIED AIRCRAFT PALLET	非适航审定的集装板
G	NON-CERTIFIED AIRCRAFT PALLET NET	非适航审定的集装板的网套
J	THER MAL NON-STRUCTURED IGLOO	保温的非结构集装棚
M	THER MAL NON-CERTIFIED AIRCRAFT CONTAINER	非适航审定的保温集装箱
N	CERTIFIED AIRCRAFT PALLET NET	适航审定的集装板的网套
P	CERTIFIED AIRCRAFT PALLET	适航审定的集装板
R	THERMAL CERTIFIED AIRCRAFT CONTAINER	适航审定的保温集装箱
U	NON-STRUCTUAL IGLOO	非结构集装棚

② 第2位字母,代表集装器的底板尺寸,可以用英寸(in)、厘米(cm)、毫米(mm)表示,字母具体含义如表6-6所示。

表6-6　集装器识别代号第2位字母含义

字　母	宽×高(in)	宽×高(mm)
A	88×125	2235×3175
B	88×108	2235×2743
E	88×53	2235×1346
F	96×117.75	2438×2991
G	96×238.5	2438×6058
H	96×359.25	2438×9125
J	96×480	2438×12192

续表

字　母	宽×高(in)	宽×高(mm)
K	60.4×61.5	1534×1562
L	60.4×125	1534×3175
M	96×125	2438×3175
N	61.5×96	1562×2438
P	60.4×47	1534×1194
Q	60.4×96	1534×2438
X	96<最大长度<125	2438<最大长度<3175
Y	最大长度<96	最大长度<2438
Z	最大长度>125	最大长度>3175

③ 第3位字母,当集装器是集装箱时,代表其外形及适配机型、货舱;当集装器是集装板时,代表其装载货物可以组装成的外廓尺寸及适配的机型、货舱。具体含义如表6-7所示。

表6-7　集装器识别代号第3位字母含义

机型适配性	A B	C	D	E N	F	G H	J	K	L	M	P	U	V	X	Y	Z
B707C 主货舱							●								●	●
B727C 主货舱								●								●
B737C 主货舱								●								
B747F 主货舱	●		●				●	●	●	●	●		●	●	●	●
B747 下货舱		●		●	●			●		●	●	●				
B757PF 主货舱								●							●	●
B767F 主货舱	●						●	●		●	●				●	●
B767 下货舱		●		●	●		○			●						
B777F 主货舱	●						●	●	●	●	●		●	●	●	●

续表

机型适配性	A B	C	D	E N	F	G H	J	K	L	M	P	U	V	X	Y	Z
B777 下货舱		●		●	●			●			●					
B787 下货舱		●		●	●			●			●					
A300C/F 主货舱								●		●			●		●	●
A300 下货舱		●		●	●	●										
A310C/F 主货舱								●		●			●		●	●
A310 下货舱		●		●	●	●										
A330F/A340F 主货舱	●					●		●		●	●		●		●	●
A330/A340 下货舱		●		●	●			●								
A380 下货舱		●		●	●	●		●			●					

●表示集装器与此型号飞机相适配。

○表示集装器的外形只适用于 B767 大货舱门的舱内。

④ 第 4~8 位数字,代表该集装器在所属航空公司此类集装器中的序列编号,此序列编号是唯一的。

⑤ 第 9、10 位字母,代表集装器所有人,通常为航空公司的两字代号。

四、集装器分类型号

航空集装器除了国际航空运输协会统一规定的识别代号外,还有在轮廓尺寸基础上的分类型号,如表 6-8、表 6-9 所示。集装箱轮廓尺寸型号又称为 ATA (Air Transport Association of America)代码。由于货舱装载时,往往主要考虑集装器的轮廓尺寸,所以轮廓尺寸型号实际应用得也很广泛。

表 6-8　集装箱型号

集装箱型号 ATA 代码	IATA 代号	底部宽×长(in)	顶部宽×长(in)	高(in)
LD1	AVC、AVK、AVJ	60.4×61.5	60.4×92	64
LD2	DPE、DPA	60.4×47	60.4×61.5	64
LD3	AKE、RKN	60.4×61.5	60.4×79	64

续表

集装箱型号ATA代码	IATA代号	底部宽×长（in）	顶部宽×长（in）	高（in）
LD4	ALP、DLP	60.4×96	60.4×96	64
LD6	ALF、AWA、AWC、AWF	60.4×125	60.4×160	64
LD8	DQF、DQP	60.4×96	60.4×125	64
LD9	AAP	88×125	88×125	64
LD11	ALP、DLP	60.4×125	60.4×125	64
LD26	AAF	88×125	88×160	64
LD29	AAU	88×125	88×186	64
LD39	AMU	96×125	96×186	64
M1	AMA、AMF、AMP	96×125	96×125	96
M2	AGA、ASE	96×238.5	96×238.5	96

表6-9　集装板型号

集装板型号	IATA代号	底部尺寸:宽×长（in）
P1（A型集装板）	P1P、PAP、PAG、P1A、P1C、PAJ、PAX	88×125
P2（B型集装板）	P2A、P2G、P2J、P2P、PBC、PBJ、PDP、PDJ	88×108
P4（R型集装板）	P4A、P4M、PMA、PZA、PRA	96×196
P6（M型集装板）	P6P、PMC、P6C、P6Q、PMP、PQP	96×125
P7（G型集装板）	P7A、P7E、P7G、PGA、PGE、PGF、PSA、PSG	96×238.5
P9（L型集装板）	P9A、P9B、P9P、P9R、P9S、PLA、PLB、FLA	60.4×125

五、集装货物装载规定

① 根据货物的重量、体积、包装材料、货物性质以及运输要求选择合适的集装器。一般情况下，大货、重货装在集装板上，体积较小、重量较轻的货物装在集装箱内。

② 检查集装器是否满足条件:完好无损、各焊接部件牢固、内部清洁、干燥、无味、无尘、具有合格检验证书。

③ 组装时,体积或重量较大的货物放在下面,并尽量向集装器中央集中码放;小件和轻货放在中间;码放货物时,做到大不压小、重不压轻、木箱或铁箱不压纸箱;同一目的站的货物应装在同一集装器上,一票货物也尽可能集中装在一个集装器上。

④ 在集装器内的货物应码放紧凑,间隙越小越好;上下层货物之间要相互交错,骑缝码放。

⑤ 集装箱内如果没有装满货物,即所装货物的体积不超过集装箱容积的2/3,且单件货物重量超过 150kg 时,就要对货物进行捆绑固定。最好用标准的绳具将货物固定在集装箱的卡锁轨里。

⑥ 底部为金属的货物和底部面积较小、重量较大的货物必须使用垫板,以防损坏集装器,同时分散货物对集装器底板的压力,保证集装器能够平稳顺利地装入飞机。

第四节　特种货物装载

特种货物是指在收运、储存、保管、运输及交付过程中,因货物本身的性质、价值等条件,需要特别照料和服务的货物。特种货物运输往往利润空间较大,但是操作难度也较大,虽然运输量并不大,但稍有不慎就会出现问题。

常见的特种货物有:鲜活易腐物、活动物、贵重物品、危险品、超大超重货物、骨灰灵柩、外交信袋等。

特种货物运输需要采取特殊处理方法,否则会危害到飞机、旅客以及机组人员的安全。所以特种货物装载除了要遵守一般货运装载规定外,还应严格遵守每一类特种货物的特殊规定。承运特种货物时,货运部门需将特种货物情况通报配载平衡部门,由配载平衡部门决定特种货物装机位置并将相关信息填写在装载通知单上,同时也在载重平衡图和载重电报上注明。

一、鲜活易腐物

(一)鲜活易腐物概念

鲜活易腐物是指在一般运输条件下易于死亡或变质腐烂的物品,如虾、蟹类,肉类,花卉,水果、蔬菜类、沙蚕、活赤贝、鲜鱼类,植物、树苗,蚕种,蛋种,乳制品,冰冻食品,药品,血清、疫苗、人体白蛋白、胎盘球蛋白等。鲜活易腐物一般要求在运输和保管中采取特别的措施,如冷藏、保温等,以保持其鲜活或不变质。

(二) 鲜活易腐物装载规定

① 鲜活易腐物应优先配运,并尽可能利用直达航班。

② 根据飞机机型以及飞机所能提供的调温、通风设备决定收运鲜活易腐物的数量,适用机型根据相应航空公司的规定。

③ 鲜活易腐物运输必须全程定妥舱位。

(三) 几类鲜活易腐物处理的特殊要求

1. 鲜花

鲜花对温度的变化很敏感,所以载运的飞机货舱应有调温设备,通常应使用集装箱运输。

2. 蔬菜

由于一些蔬菜含较高的水分,若不保持充分通风状况的话,会导致氧化变质,因此蔬菜的包装必须保证通风。在货舱内摆放时应远离活动物以及有毒物品,防止污染。如果由集装箱装运,不可与其他货物混装。由于大多数蔬菜会散发出乙醇气体,会对鲜花和植物造成影响,因此蔬菜与鲜花、植物也不可放在同一货舱内。

3. 新鲜/冷冻的鱼、肉

必须密封包装,不致渗漏液体;必须小心存放以免造成污染。机舱和集装器内必须洁净,若之前运输过活动物,则必须经过消毒处理,操作人员也应经过卫生检查。

4. 干冰

干冰不允许与活动物以及正在孵化的禽蛋放在同一舱。

二、活动物

(一) 活动物概念

活动物是指活的家禽、家畜、野生动物(包括鸟类)、实验用的动物、两栖动物、鱼、昆虫以及其他动物。

(二)活动物装载规定

① 活动物运输应尽量利用直达航班,如无直达航班,应尽量选择中转次数少的航班。

② 根据飞机机型以及飞机所能提供的调温、通风设备决定收运活动物的数量,适用机型根据相应航空公司的规定。

③ 活动物运输必须全程定妥舱位。

④ 应注意动物运达目的站的日期,尽量避开周末和节假日,以免动物运达后延误交付,造成动物死亡。

⑤ 活动物不能与食品、放射性物质、毒性物质、传染物质、灵柩、干冰等放在一个舱。

⑥ 互相是天敌的动物不能装在一起,检疫动物与非检疫动物应分开放置,实验用动物也不能放在其他动物旁边,避免交叉感染。

三、贵重物品

(一)贵重物品概念

凡交运的一批货物中,含有下列物品中的一种或多种的,称为贵重物品。

① 毛重每公斤运输声明价值超过或等于 1000 美元的国际货、超过或等于 2000 元人民币的国内货。

② 黄金(包括提炼或未提炼过的金锭)、混合金、金币以及各种形状的黄金制品,如金粒、片、粉、绵、线、条、管、环和黄金铸造物;白金(即铂)类稀有贵重金属(钯、铱、锇、钌、铑)和各种形状的铂合金制品,如铂粒、绵、棒、锭、片、条、网、管、带等。但上述金属以及合金的放射性同位素不属于贵重物品,而属于危险品,应按危险品相关规定处理。

③ 合法的银行钞票、有价证券、股票、旅行支票及邮票(从英国出发,不包括新邮票)。

④ 钻石(包含工业钻石)、红宝石、蓝宝石、绿宝石、蛋白石、珍珠(包括养殖珍珠),以及镶有上述钻石、宝石、珍珠等的饰物。

⑤ 金、银、铂制作的饰物和表。

⑥ 珍贵文物(包括书、古玩、字画等)。

（二）贵重物品装载规定

① 贵重物品运输优先使用直达航班。

② 贵重物品运输必须全程定妥舱位。

③ 总重量在 45kg 以下、单件体积不超过 $45\times30\times20cm^3$ 的贵重物品,应放在机长指定位置,有保险箱的尽量放在保险箱内;超过上述体积和重量的应放在有金属门的集装箱内或飞机散舱内。当使用集装箱时,贵重物品不得与其他货物混装在一起;当散货舱运输时,在情况许可下应单独装舱。

四、危险品

（一）危险品概念

危险品是一个总称,它是指在运输过程中,凡具有燃烧、爆炸、腐蚀、毒害、放射等性质,在运输、装卸、保管过程中能引起人身伤亡和财产损毁而需要特别防护的货物。危险品按其主要特征可以分为 9 类,如表 6-10 所示:

表 6-10　危险品

类型	名称	示例
第一类	爆炸品	火药、炸药、弹药、硝化纤维(广泛用于造漆、摄影胶片、赛璐珞等)、烟花爆竹
第二类	气体	乙炔、打火机(丁烷)、煤气、氮、硫化氢、氯气
第三类	易燃液体	汽油、乙醇、油漆
第四类	易燃固体、自燃固体和遇湿易燃固体	白磷、油浸的麻棉纸及其制品、活泼金属及其合金、碳磷化合物(碳化钙、磷化钙)、乒乓球、火柴、樟脑、钠
第五类	氧化剂和有机过氧化物	含氯的含氧酸及盐类(氯酸钾)、含有过氧基(-O-O-)的有机物
第六类	毒性物质和传染性物质	砒霜、农药、肝炎病毒
第七类	放射性物质	含有铀、镭、氡等放射性物质
第八类	腐蚀性物质	硫酸
第九类	杂项危险物品	磁性物品、干冰、麻醉物品、电池等

（二）危险品装载规定

① 互不相容的危险物品必须分开存放。

② 贴有"向上"标志的危险品不可侧置。

③ "只限货机"的危险品严禁装在客机上，且应装在机组人员接触得到的地方。

④ 严禁运输包装破损的危险货物。

⑤ 装在客机上的四级包装放射性危险品必须放在飞机底部货舱且与主舱保持一定距离。

⑥ 在搬运或装卸危险物品包装件时，无论是采用人工操作还是机械操作，都必须轻拿轻放，切忌磕、碰、摔、撞；危险物品包装件装入飞机货舱后，装载人员应设法固定，防止危险物品在飞机飞行中倾斜或翻滚，造成危害。

五、超大超重货物

（一）超大超重货物概念

"超大货物"一般是指体积超过机型限制，需要一个以上的集装板方能装下的货物，这类货物的运输需要特殊处理程序以及特殊装卸设备。"超重货物"一般是指每件超过 150kg 的货物，但最大允许货物的重量主要还取决于飞机机型（地板承受力）、机场设施以及飞机在地面停站的时间。

超大超重货物又称为超限货物，常见的有：汽车、飞机发动机、大型机器设备、钢材等。

（二）超大超重货物装载规定

① 非宽体机上承运超限货物每件重量可放宽至 150kg，但在 An24、Y7 飞机上禁止承运超过 120kg 的货物，在宽体机上承运超限货物，应请示值班经理同意。

② 超限货物运输必须全程定妥舱位。

③ 超限货物尽量装在集装器的中间位置，如果未超过集装箱的 2/3 容积，且属于重货，则必须固定。

④ 承运超限货物时，所需垫板等装卸设施应由托运人提供，并且按普货计费。

六、骨灰灵柩

骨灰灵柩具有很高的感情色彩,是敏感且紧急的货物,所以没有特殊原因,承运人一般不会受理此类货物。

(一)骨灰装载规定

① 承运人接受骨灰运输后,处理基本与普通货物处理一致。通常情况下骨灰的运输可被任何飞机接受,无须订舱。

② 骨灰可装在下货舱,亦可由旅客随身携带。

③ 骨灰运输应事先通知机组人员。

(二)灵柩装载规定

① 灵柩运输必须全程定妥舱位。

② 灵柩尽量装在集装板上,不可与其他货物混运,除非整票集运货都是灵柩。

③ 灵柩必须远离动物和食品,散装时,灵柩不能与动物装在同一货舱内;集运时,分别装有灵柩和动物的集装器,装机时中间至少应有一个集装器间隔。

④ 灵柩必须在旅客登机前装机,在旅客下机后卸机。

⑤ 灵柩只可以水平放置,不可以直立或侧放。

⑥ 灵柩应装在全货机或有独立货舱的客机上。

七、外交信袋

(一)外交信袋概念

外交信袋是指各国政府(包括联合国下属组织)与其驻外大使、领馆、办事处之间运输作为货物托运的、使用专用包装袋的公务文件。

(二)外交信袋装载规定

① 外交信袋应按指定航班日期运出。

② 外交信袋一般安排在直达航班上运输,国际航班国内段不安排外交信袋的运输。

③ 外交信袋应放在货舱内明显的位置,并且不能与航空邮件装在一起。

④ 外交信袋不可与放射性物质或磁性物质放在同一货舱内。

第五节 装机通知单

装机通知单也称为装载通知单,简称装机单,是装载部门进行飞机装载作业的依据。装机通知单由配载部门填制或认可,如有更改,必须得到配载部门的认同。

配载人员必须认真填写装机通知单,装卸人员必须严格按照装机通知单指示装卸,做到实际装载各舱重量与装机通知单相符,实际箱、板的放置位置符合装机通知单指示的要求,避免飞机前后或左右装载不均。

装机通知单一式四份:一份配载室留存,一份作为随机业务文件放业务袋内交目的站,一份交平衡室,一份带至外场指挥装卸。

一、货舱业载分布基本原则

配载人员填制装机通知单,必须遵循货舱业载分布的基本原则,具体如下:

① 充分考虑机型的重心特点。根据订座旅客人数,预估旅客因素对飞机重心的影响,以此安排货舱业载的分布。

② 如旅客业载对飞机重心的影响不明显,对货舱业载分布无特殊要求,则尽量使货舱业载对飞机重心的影响也不明显。具体就是均衡安排前、后货舱的业载,使之基本不影响飞机重心。

③ 在条件允许的情况下,安排货舱的业载分布要有一定的灵活度,当结载时的重心需要调整时,可以进行货舱业载的前后舱调整。

二、装机通知单内容介绍

不同机型的装机通知单各不相同,但大都能反映航班基本信息、货舱的基本布局、各舱的最大载量和联合载量等信息。下面分别以 B737-700 和 B767-300 的装机通知单为例,说明窄体机和宽体机装机通知单普遍包含的内容,相应的装机通知单样表见附录 1 和附录 3。

(一)航班情况栏

图 6-17、图 6-18 分别是 B737-700 飞机、B767-300 飞机装机通知单的航班情况栏。该栏目填写航班号、日期、机号、航程起讫点、起飞时间、出港货邮情况等信息。

航班:	日期:	机号:	由	往:	起飞时间:

货物出舱记录	到达站	货　物	邮　件	预计行李	备　　注

图 6-17　B737-700 装机单的航班情况栏

航班: FLIGHT NO.	日期: DATE	机号: AIRCRAFT NO.	由: FROM	往: TO	起飞时间: DEPARTURE TIME
到达站ARRIVAL	货物CARGO	邮件MAIL	预计行李BAGGAGE	备注MEMO	

图 6-18　B767-300 装机单的航班情况栏

（二）各货舱的载量限制栏

图 6-19 是 B737-700 飞机装机通知单的货舱载量限制栏。表示飞机前货舱设计容积 11m³,货舱门尺寸宽 120cm×高 88cm,前货舱分成两个分货舱,其中 1 舱最大载量 814kg,2 舱最大载量 1021kg;后货舱设计容积 16.4m³,货舱门尺寸宽 120cm×高 78cm,后货舱分成两个分货舱,其中 3 舱最大载量 2409kg,4 舱最大载量 763kg。

最大载量 （kg）	1舱	2舱	3舱	4舱
	814	1021	2409	763
最大容积(m³)	11		16.4	
货舱门尺寸cm	120W× 88H		120W× 78H	

图 6-19 B737-700 装机单的货舱载量限制

图 6-20 是 B767-300 飞机装机通知单的货舱载量限制栏。表示飞机前货舱设计容积 47m³,货舱门尺寸宽 340cm×高 175cm,前货舱分成两个分货舱,其中 1

舱最大载量 8230kg,2 舱最大载量 8230kg,1 舱和 2 舱联合载量不得超过 16 460kg;后货舱设计容积 47.6m³,货舱门尺寸宽 177cm×高 175cm,后货舱分成 两个分货舱,其中 3 舱最大载量 7242kg,4 舱最大载量 5432kg,3 舱和 4 舱联合载 量不得超过 12 674kg;散舱是 5 舱,设计容积 12.2m³,货舱门尺寸宽 96cm× 高 114cm,最大载量为 2925kg;货舱地板最大负荷为 732kg/m²,装运的集装板组 装高度不得超过 160cm。

舱 位 CPT	CPT 1&2	CPT 3&4	CPT 5
可载最大容积 (m³) MAXIMUN VOLUME	47.0	47.6	12.2
货舱门尺寸 (cm) SIZE OF CARGO COMPARTMENT DOOR	340W×175H	177W×175H	96W×114H
货舱地板最大负荷 MAXIMUN LOADING FOR CARGO COMPARTMENT FLOOR			732KG/m²
集装板限高 HEIGHT LIMITATION FOR CONTAINER			160cm

CPT 1&2 (COMBINED MAX 16460 KG)		CPT 3&4 (COMBINED MAX 12674 KG)		CPT 5
CPT 1 MAX 8230 KG	CPT 2 MAX 8230 KG	CPT 3 MAX 7242 KG	CPT 4 MAX 5432 KG	MAX 2925 KG

图 6-20 B767-300 装机单的货舱载量限制

(三)货舱布局栏

图 6-21 是 B737-700 飞机装机通知单的货舱布局栏,显示飞机 4 个分货舱 的分布情况。图 6-22 是 B767-300 飞机装机通知单的货舱布局栏。显示飞机货 舱分为 5 个分货舱,其中 11L、11R、12L、12R、13L、13R、14L、14R 都属于 1 舱。 11L 可以理解成 1 舱的左 1 号箱位,14R 可以理解成 1 舱的右 4 号箱位。同理, 21L……24R 都属于 2 舱,31L……34R 都属于 3 舱,41L……43R 都属于 4 舱。飞 机上集装板的位置在图中用 11P、13P、21P、23P 表示(有的航空公司标注为 P11、 P23 等)。飞机货舱中放板或放箱的位置都有限制,图中标明放箱板的位置才可 以放箱板,例如 B767-300 飞机只有 1 舱、2 舱能够放集装板,3 舱、4 舱只能放集 装箱,5 舱没有箱板标志,任何集装箱板都不能放,是散货舱。另外,可放箱板的 型号需要查阅飞机性能部分的有关内容,这关系到舱门尺寸和舱内空间等的限 制,不可以随意选择。例如 B767-300 飞机集装板最多可装 4 块 PMC 板或 4 块 PAG 板,集装箱最多能装 15 个 DQF 或 30 个 DPE。这里要注意,一块板要占 2 个 DQF 或 4 个 DPE 的位置,所以放了板的位置,不可重复安排放箱。在装机通知

单上,粗线为货舱门的位置。"【"和"】"为集装箱卡锁及其固定方向的符号,集装板固定件则没有标出。

装机通知单上关于货舱布局栏,通常有到达(ARRIVAL)和出发(DEPAR-TURE)两部分,两部分内容完全相同。如图 6-21 显示的是 B767-300 飞机"出发"的部分,"出发"部分是供起飞站安排出港装载时填写。"到达"部分供记录过站装载情况用,以便合理安排本站出港装载。"到达"部分也可作为"出发"部分的修正栏使用。

图 6-21　B737-700 装机单的货舱布局

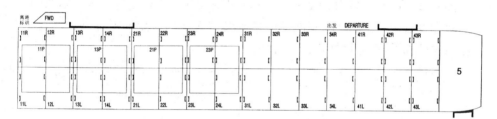

图 6-22　B767-300 装机单的货舱布局

在填写装机通知单时,集装器的装载位置上要写明到达站三字代码、集装器识别代号、业载重量和业载代号。如果集装器装的是行李,则行李重量可以不用写,因为配载在填制装机通知单时,航班尚未关闭,行李重量尚未明确。散装舱内的货物,需写明到达站三字代码、业载重量和业载代号;同样,如果行李装在散装舱,则行李重量可以不用写。当到达站只有 1 个时,到达站的三字代码填写也可以省略。

(四)CODES FOR CPM 装载图代号栏

图 6-23 是 B767-300 飞机装机通知单填写以及集装箱板电报拍发中常用的代号的含义。其中,代号 0、1、2、3 是供经停站参考的,只有在经停站客货载量大,并且始发站经中途站的过站客货载量也大时候使用,一般情况下不用填写。

	CODES FOR CPM 装载图代号	N	NO CONTAINER OR PALLET IN POSITION 此处不允许有集装箱板	W	CARGO IN SECURITY CONTROLLED CONTAINER 安全控制集装箱内的货物
B	BAGGAGE 行李	P	PALLET 集装板	X	EMPTY CONTAINER OR EMPTY PALLET 空集装箱
BT	BAGGAGE TRANSFER 转运行李	PP	IGLOO 特种集装箱	Z	MIXED DESTINATION LOAD 多目的地的业务装载
C	CARGO 货物	R	CONTAINER IN RIGHT HAND POSITION 右示位置集装箱	O	FULLY LOADED 满载
D	CREW BAGGAGE 机组行李	S	SERVICE 勤务	1	1/4 AVAILABLE 1/4 可用
E	EQUPMENT 装备	T	TRANSFER LOAD 转运货	2	1/2 AVAILABLE 1/2 可用
F	FIRST CLASS BAGGAGE 头等舱行李	U	UNSERVICEABLE CONTAINER/PALLET 无法使用集装箱板	3	3/4 AVAILABLE 3/4 可用
L	CONTAINER IN LEFT HAND POSITION 左示位置集装箱	V	VIP BAGGAGE 重要客人行李		
M	MAIL 邮件				

图 6-23　B767-300 装机单的装载代号

（五）特殊要求和签名栏

图 6-24 和图 6-25 分别是 B737-700 飞机、B767-300 飞机装机通知单的特殊要求和签名栏。在此处填写配载人员和装载人员的注意事项，例如改变或对换集装设备位置、特种货物装载等信息。

备注：

| 填表人： | 审核人： | 装机负责人： |

图 6-24　B737-700 装机单的特殊要求和签名

特殊要求：
SPECIAL INSTRUCTIONS:

| 制表人：
PREPARED BY: _____ | 审核人：
APPROVED BY: _____ | 装载负责人：
LOAD SUPERVISOR: _____ |

图 6-25 B767-300 装机单的特殊要求和签名

相应的装机通知单填制人、审核人以及外场监装监卸的负责人在完成自己职责后也要在此签字。此处有些装机通知单上有一段英文说明：This aircraft has been loaded in accordance with these instructions including the deviations recorded. the containers/pallets and bulk load have been secured in accordance with company instructions.意思是：本机已按装载指令装载完毕，装载情况包括记录中的偏差。集装箱、板及散舱的网锁已按公司规定锁牢。

三、装机通知单填制示例

【例6】　2016年5月8日，由B-2325号飞机（B737-800）执行MU5371航班（SHA—WUH）飞行任务，起飞时间8：15。配载人员经过计算，决定该航班载运货物5439kg/285pcs、邮件183kg/6pcs。货运人员取货装平板车情况如表6-11所示，请据此填制飞机装机通知单。

表 6-11

平板车号	1012	1075	1320	1421	1512
货邮载量（kg）	C：250	C：1850	C：600	C：2556	M：183

解：

装机通知单的填制需遵循"货舱业载分布基本原则"，如旅客业载对飞机重心的影响不明显，则尽量使货舱业载对飞机重心的影响也不明显。具体就是均衡安排前、后货舱的业载，使之基本不影响飞机重心。对于B737-800飞机装载而言，就是优先配装2、3舱，然后再装1、4舱，并使前下货舱和后下货舱载量相差不大。同时，这个过程还要保证装载的货物不超过各舱的载荷、容积限制。填制的装机通知单如图6-26所示。

说明：在填制装机通知单时，由于航班尚未关闭，行李的确切重量是未知的，配载人员根据旅客订座数量对行李重量进行预估，进而确定行李的装载位置，在装机通知单上标出行李的装机位置，不需要填写行李重量。同时装机通知单上，各个分货舱下面需注明对应的所装货物的平板车号，以指示装卸人员装载。

注意：装机通知单的填制没有唯一的标准，如该例题，也可以把1012#的货物装3舱，而1512#的邮件装在2舱；也可把1舱的货物和4舱的行李装载位置进行对调。

波音 737－800 型飞机装载通知单

航班：MU5371	日期：2016.5.8	机号：B-2325	由 SHA	往：WUH	起飞时间：8:15

货物出舱记录表	到达站	货物	邮件	预计行李	备注
	WUH	5439kg/285pcs	183kg/6pcs		

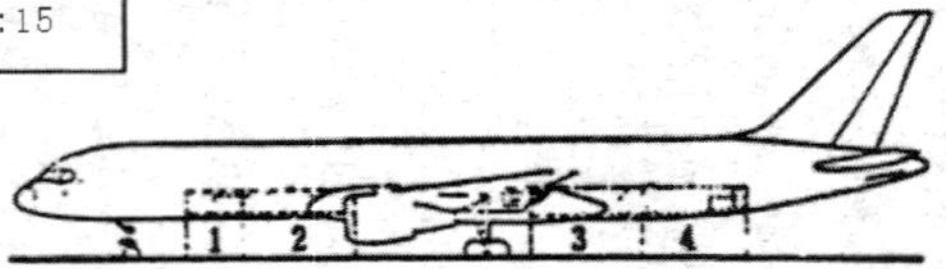

FWD CARGO

1 舱
C:600kg
<1320#>

前货舱门

2 舱
C:1850kg
C:250kg
<1075#, 1012#>

最大载量(kg)	1 舱 888	2 舱 2670	3 舱 4086	4 舱 763
最大容积(m³)	19		24.9	
货舱门尺寸 cm	121 W ×88 H		121 W ×78 H	

货舱地板最大负荷 732 $\frac{kg}{m^2}$

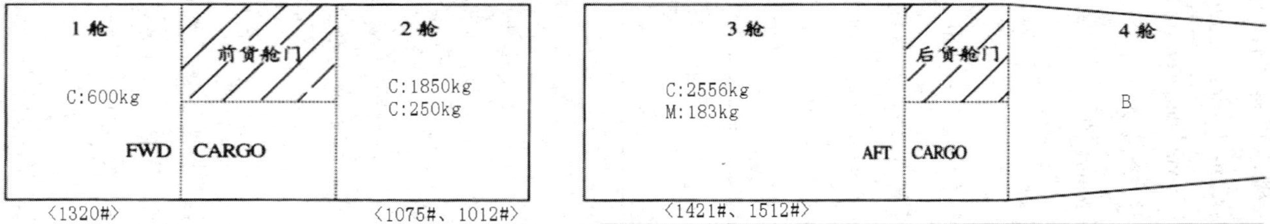

AFT CARGO

3 舱
C:2556kg
M:183kg
<1421#, 1512#>

后货舱门

4 舱
B

备注：

填单人： 孙×	审核人： 林×	装机负责人： 陈×

图6－26 B737-800飞机装机单填制示例

【例7】　2016 年 11 月 26 日,由 B-2173 号飞机(B767-300)执行 FM7233 航班(SHA—CAN)飞行任务,起飞时间 11:00。配载人员经过计算,决定该航班载运货物 19 791kg/867pcs、邮件 450kg/16pcs,并通知货运人员取货装箱板,待运货邮装箱板情况如表 6-12 所示。除此之外,该航班还需将一个空集装板 PMC00201FM(自重 134kg)运往目的站,请据此填制飞机装机通知单。

表 6-12

集装器代号	货邮载量(KG)	集装器自重	集装箱板代号	载量(KG)	设备重量
PMC00011FM	C:3650	145.5	DQF00202FM	C:2231	118
PMC00012FM	C:3550	145.5	DQF00118FM	C:2214	118
DQF00032FM	C:2410	118	DPE01118FM	M:450	95
DQF00421FM	C:2446	118	DPE01356FM	C:600	95
DQF00025FM	C:2240	118	PMC00201FM	0	134

解:

装机通知单的填制需遵循“货舱业载分布基本原则”。对于 B767-300 飞机装载而言,就是优先配装 2、3 舱,然后再装 1、4、5 舱,并使前下货舱和后下货舱+尾舱的载量相差不大。同时,这个过程还要保证装载的货物不超过各舱载荷、容积限制。填制的装机通知单见如 6-27 所示。

说明:宽体飞机装机通知单上,在各个分货舱下面需注明该货舱载运的货物使用的集装箱板的重量,这样才能保证装机通知单上的重量和实际装载重量相符。

同样,对于该装机通知单的填制也没有唯一的标准,本例中完全可以把 DPE01118FM、DPE01356FM 放置在 42 或者 43 的箱位上,其他箱板的位置也可以变换。

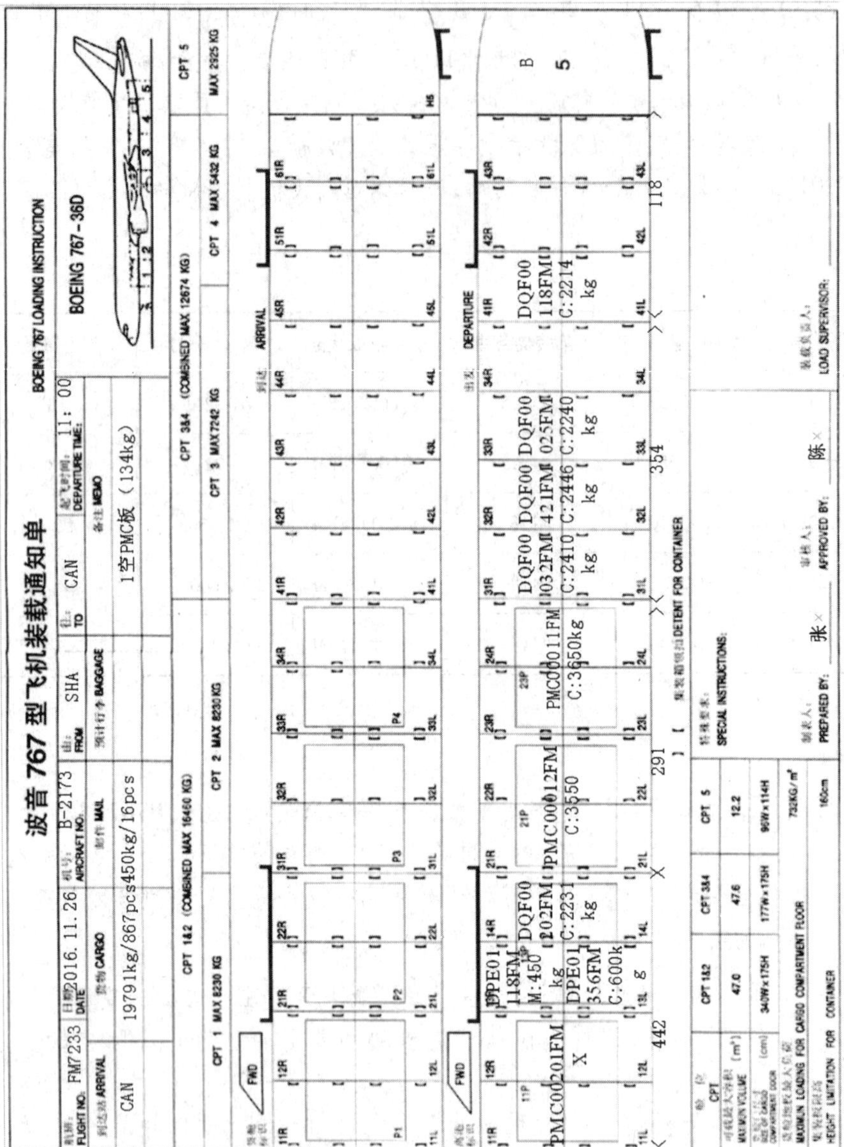

波音 767 型飞机装载通知单　　BOEING 767 LOADING INSTRUCTION

| 机型 FLIGHT NO: FM7233 | 日期 DATE:2016.11.26 | 机号 AIRCRAFT NO: B-2173 | 由 FROM SHA | 往 TO CAN | 起飞时间 DEPARTURE TIME: 11：00 | BOEING 767-36D |

到达站 ARRIVAL	货物 CARGO	邮件 MAIL	预计行李 BAGGAGE	备注 MEMO
CAN	19791kg/867pcs	450kg/16pcs		1空PMC板（134kg）

CODES FOR CFM

- B　轻便衣物　BAGGAGE
- BT　转运行李　BAGGAGE TRANSFER
- C　货物　CARGO
- D　机组行李　CREW BAGGAGE
- E　随机行李　EQUIPMENT
- F　头等舱行李　FIRST CLASS BAGGAGE
- L　集装箱在左侧位置　CONTAINER IN LEFT HAND POSITION
- M　邮件　MAIL
- N　此处不安放集装箱或集装板　NO-CONTAINER OR PALLET IN POSITION
- P　集装板　PALLET
- PP　打板货物　KILOAD
- R　集装箱在右侧位置　CONTAINER IN RIGHT HAND POSITION
- S　需勤务处理　SERVICE
- T　转运货物　TRANSFER LOAD
- U　大故障集装箱/集装板　UNSERVICEABLE CONTAINER/PALLET
- V　贵宾要人行李　VIP BAGGAGE
- W　安全控制集装箱/集装板　CARGO IN SECURITY CONTROLLED CONTAINER
- X　空集装箱或空集装板　EMPTY CONTAINER OR EMPTY PALLET
- Z　多目的地货物　MIXED DESTINATION LOAD
- 0　满载　FULLY LOADED
- 1　1/4 可用　1/4 AVAILABLE
- 2　1/2 可用　1/2 AVAILABLE
- 3　3/4 可用　3/4 AVAILABLE

CPT 1&2 (COMBINED MAX 16460 KG)　　　CPT 3&4 (COMBINED MAX 12674 KG)　　CPT 5

CPT 1 MAX 8230 KG　　CPT 2 MAX 8230 KG　　CPT 3 MAX 7242 KG　　CPT 4 MAX 5432 KG　　MAX 2925 KG

前舱标识 FWD　　到达 ARRIVAL

11R 12R　21R 22R　31R 32R 33R 34R　41R 42R 43R　44R 45R　51R 61R

P1　P2　P3　P4

11L 12L　21L 22L　31L 32L 33L 34L　41L 42L 43L　44L 45L　51L 61L　H5

后舱标识 FWD　　出发 DEPARTURE

11R 12R DPE01118FM M:450kg 14R　21R 22R 23R 24R　31R 32R 33R 34R　41R 42R 43R

PMC00201FM X　DPE01356FM C:600kg　DQF00202FM C:2231kg　PMC00012FM C:3550kg　PMC00011FM C:3650kg　DQF001032FM C:2410kg　DQF00421FM C:2446kg　DQF00025FM C:2240kg　DQF00118FM C:2214kg　B 5

11L 12L　13L 14L　21L 22L 23L 24L　31L 32L 33L 34L　41L 42L 43L

442　X　291　354　118

集装箱锁钩 DETENT FOR CONTAINER

舱 位 CPT	CPT 1&2	CPT 3&4	CPT 5
可载最大容积（m³） MAXIMUN VOLUME	47.0	47.6	12.2
货舱门尺寸（cm） SIZE OF CARGO COMPARTMENT DOOR	340W×175H	177W×175H	96W×114H
货舱地板最大负荷 MAXIMUN LOADING FOR CARGO COMPARTMENT FLOOR			732KG/m²
集装箱限高 HEIGHT LIMITATION FOR CONTAINER			160cm

特殊要求: SPECIAL INSTRUCTIONS:

制表人 PREPARED BY: 张×　　审核人 APPROVED BY: 陈×　　装载负责人 LOAD SUPERVISOR:

图6-27　B767-300飞机装机单填制示例

习题与思考

1. 货舱的哪些方面影响货物装载？

2. 货舱的结构载荷限制有哪些方面？

3. 一件平底货物，重量 2800kg，长 1.5m，宽 0.6m，拟用 B747-400F 的主货舱，使用 PMC 集装板运出，货物长边沿机身纵向装载。该舱位的线性载荷限制为 3035kg/m，面积载荷限制为 1952kg/m²，PMC 集装板的面积载荷限制为 1464kg/m²，问货物该如何装载？（不考虑垫板重量）

4. 某货物尺寸为 300cm×80cm×100cm，要装入 A319 后下货舱，A319 后下货舱装载尺寸见下表所示，问该货物能否顺利通过货舱门？

高（cm）	宽（cm）													
	10	20	30	40	50	60	70	80	90	100	110	120	130	140
	长（cm）													
98~115	409	389	368	348	328	308	288	268	247	227	206	185	171	171
71~97	468	461	454	447	424	404	384	364	344	323	303	283	263	243
0~70	491	483	474	466	459	451	444	437	413	393	372	351	330	309

5. 货运装载原则和装机要求有哪些？

6. 解释 PMC11231MU、DQF23001CZ、FAA00301FM 的含义。

7. 危险品运输的装载规定是什么？

8. 贵重物品的装载规定是什么？

9. 2016 年 1 月 24 日，由 B-2120 号飞机（B737-700）执行 MU5463 航班（SHA—KMG）飞行任务，起飞时间 14：00。配载人员经过计算，决定该航班载运货物 3120kg/190pcs、邮件 350kg/10pcs。货运人员取货装平板车情况如下表所示，请据此填制飞机装机通知单。

平板车号	1023	1024	1212	1134	1167	1123
货邮载量（kg）	C:460	C:700	C:600	C:820	C:540	M:350

10. 2016 年 9 月 12 日，由 B-2026 号飞机（B767-300）执行 FM9267 航班（SHA—CKG）飞行任务，起飞时间 15：25。配载人员经过计算，决定该航班载运

货物16 653kg/550pcs、邮件750kg/15pcs,并通知货运人员取货装箱板,待运货邮装箱板情况如下表所示,请据此填制飞机装机通知单。

集装器代号	货邮载量(KG)	集装器自重	集装箱板代号	载量(KG)	设备重量
PMC00011FM	C:3150	145.5	DQF01030FM	C:2400	118
PMC00012FM	C:2950	145.5	DQF00216FM	C:2600	118
DQF00123FM	C:2130	118	DPE01123FM	M:750	95
DQF00378FM	C:2623	118	DPE01334FM	C:800	95

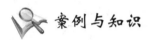 案例与知识

顺丰航空的快递货物运输

顺丰速运成立于1993年,主要经营国际、国内快递业务,以强大自有网络、高效运营速度和优质客户服务为后盾,是目前国内唯一拥有快件全生命周期管理系统的民营快递企业。

顺丰速运在从区域性公司向全国范围公司发展时,逐步形成了以中南、华东、华北三个区域为主的物流干线模型,超过1000公里的快递运输产生了旺盛的航空货物运输需求。2003年,顺丰率先在国内利用全货机投入快递生产,成为国内首家包机夜航的民营速递公司,极大地促进了快递全国性网络建设和运输效率。2009年底,顺丰航空正式开航,顺丰成为国内首家拥有自有全货机的民营速递公司。

顺丰航空致力于为顺丰集团提供快件产品的空运服务,是顺丰快递业务核心竞争力的重要保证,是顺丰速运品牌的有力延伸。在筹建伊始,顺丰航空即以集团为服务对象进行了客户分析,识别了相对于普通航空业务运输其对于时效和信息的重要性,并将航班准点率列为公司重点考核指标之一。基于此,相对于传统航空货运公司,顺丰航空在货物生产模块上进行了重新设计。

1.组织建设方面。开航之初,顺丰航空通航的航站业务全权委托外委商代理。随着公司组织能力建设和业务的不断发展、经验积累、人员力量的储备,顺丰航空设立了航站管理部,对各航站的周转业务进行专门协调、管理,各航站向业务委托、自我监督和协调相结合转变:货物从通过安检口至打板、出库、运输到停机位、装上飞机,由外委代理操作;航站管理部现场控制员对于上述环节的执

行情况进行全程监管,对于发现不符合规定的地方,及时提醒代理方复操改进,直至达标为止,以保证转运的质量和效率;所有航站自建,并派驻人员对于航站日常管理、业务操作等进行管控,以保证相关职能的落实;在此基础上,建立了各航站标准操作流程,包括人员配置、职能、工作流程、关键时间节点以及报告程序等,以保证 AOC 集中统一管理的实际落地。

此外,在载货量包线范围内,为提高载运率和飞机利用率,我们将传统货运的截载时间进行了推迟(B757 机型截载时间由原 90 分钟缩短为 50 分钟,B737 机型由 80 分钟缩短为 40 分钟),晚截载后库区打板、制作装载通知单、装机工作同时进行。

2. 配载控制方面。采用离港航站进行航班配载、深圳基地 AOC 配载平衡席进行复核的方式,以保证 AOC 对于航班货量和重心的控制。

首先,根据天气、备降场选择等情况,签派员会提前制定航班放行油量,并明确每个航班的载货量限制,以便于相关航站及营运本部对于航班货量的有效控制;其次,根据载量限制、实际货量,现场人员进行配载并控制实际载货量;最后,当业载或油量发生变化时,现场人员与 AOC 沟通协调,由 AOC 集中控制航班油量和载货量的平衡,保证航班的合法运行,同时避免出现低油量。

3. 货物安检方面。一方面,集团对于收取的快件会进行抽查;另一方面,顺丰航空协调集团在每个安检口设置了专人,以配合机场安检人员进行货物的安全检查,对于安检发现的问题件,会积极配合现场开包检查。随后,进入货物的打板、装运。在货物装运过程中,航站管理部航站现场控制员现场进行货物的检查,包括货物包装、挂签等;安监部会不定期进行抽查。

根据我司的规划,至 2020 年将在深圳机场投放 69 架全货机,届时在深圳机场的航空货量将达到 110 万吨。为了满足对货物全生命周期的监控,将分拣、安检、库区及机坪操作各环节无缝对接,我司目前正筹划在深圳机场建立货物安检站,对顺丰快件实施安全检查自营操作,将安检卡口前移,以有效控制安检操作的时间节点、提高安检效率、提升快件的处理时效。

4. 协同配合方面。在航线、航班时刻的申请上,顺丰航空积极配合集团的需求。在航空货物保障上,顺丰航空对于集团的打板操作提出了明确要求,以便于配载和装机工作;同时集团在人力、物资上给予航空公司极大的支持,以保证货物的及时出库、入库,实现货物空运和地面运输的良好衔接。在运输货物的安全上,与集团信息共享,能够掌握一手运输货物的信息,最大限度地保证运输货物的安全性。

资料来源:游兰飞.快递货物运输中的安全管理问题.民航资源网,2014-06-11.

第七章　飞机的重心与平衡

学习要点

- 飞机重心位置的表示
- 飞机的平衡
- 飞机稳定性、操纵性与重心的关系
- 飞机重心的计算方法
- 装载移动、增减后的重心

　　配载平衡工作不仅要保证航班不超载,同时要保证飞机的重心在安全的范围内,只有这样,飞机飞行中才能具有良好的稳定性和操纵性,确保飞行安全。因此,每个配载平衡人员,都要充分了解和掌握飞机重心与平衡的知识及工作方法。

第一节　飞机重心的定义

　　重力是地球对物体的吸引力,飞机的各个部件、燃料、机组、乘客、货物都要受到重力的作用,这些重力的合力,就叫作飞机的重力。飞机重力的着力点为飞机重心,如图7-1所示。飞行中,飞机重心位置不随飞机姿态改变而改变,但机上人员的走动、货舱内货物的滚动、燃料的消耗、起落架的伸展和收缩等却会对飞机重心产生影响。因

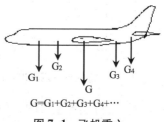

$$G=G_1+G_2+G_3+G_4+\cdots$$

图7-1　飞机重心

此,为了保证飞机的重心在安全的范围内,配载平衡人员在安排旅客的座位时,除去按照舱位等级与旅客所持客票的票价等级来安排之外,应在对重心影响较小的舱位尽量多安排旅客,并且在飞机起降时请旅客不要在客舱内走动;在安排货物时,对重心影响程度小的货舱尽量多装货物,并且对于散装货物来说,要固定牢靠,防止货物在货舱内滚动。

第二节　飞机重心位置表示方法

　　飞机重心位置的表示方法有平衡力臂法、站位法、平均空气动力弦法、标准平均翼弦法,其中平均空气动力弦法是最常用的方法。

一、平衡力臂法

　　相对于飞机确定了一个基准点(datum)后,用重心到该基准点的距离来表示重心位置,称之为平衡力臂(Balance Arm,BA)法。常用的典型基准点位置有机

头、发动机防火墙、机翼前沿、距机头某一确定的距离等。基准点实质上是一个假想垂直平面或直线,是由飞机制造商确定的。

二、站位法

站位(Body Station,BS)是用来表示机身上位置的一种度量单位,可以用"in"或"m"表示站位数。站位基准点为 0 站位,由飞机制造商确定,机上其他任意点相对于站位基准点的距离,称为此任意点的站位。一般取站位基准点右侧(飞机尾部方向)各点的站位为正值,左侧各点的站位为负值。

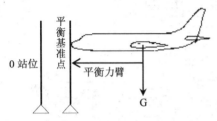

图 7-2　站位与平衡基准点的关系

站位和平衡力臂都是沿飞机纵轴的坐标,飞机的站位主要是用来确定飞机组件位置的一种工具,便于对飞机进行维修。若飞机的平衡力臂基准点就选在 0 站位上时,则平衡力臂与站位数值相同;但有些机型会另外选定一点作为平衡力臂基准点,如图 7-2 所示。此时,平衡基准点和 0 站位不重合,机上各项目的站位和平衡力臂之间的关系如下:

项目的平衡力臂=项目的站位数-平衡基准点的站位数

由此可得:重心的站位数=重心的平衡力臂+平衡基准点的站位数

三、平均空气动力弦及标准平均翼弦法

(一)翼弦

飞机机翼上任何部位的横截面如图 7-3 所示。机翼前部 A 称为机翼前缘,机翼后部 B 称为机翼后缘。A 和 B 之间的直线段称为机翼的翼弦。由于现代飞机机翼的几何形状不是简单的矩形,而常为锥形的后掠状,因此飞机机翼上从翼根至翼尖之间每一处翼弦的长度一般是不相同的。

图 7-3　机翼横截面示意

(二)标准平均翼弦

在飞机机翼的所有翼弦中,长度等于机翼面积与翼展之比的翼弦称为标准平均翼弦,用 SMC(Standard Mean Chord)表示。

（三）平均空气动力弦

对于飞机机翼,有一个假想的矩形机翼,该矩形机翼的面积、空气动力特性和俯仰力矩等都与原机翼相同。该矩形机翼的翼弦与原机翼某处的翼弦长度相等,则原机翼的这条翼弦称为平均空气动力弦,如图 7-4 所示,用 MAC(Mean Aerodynamic Chord)表示。

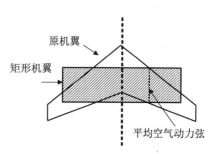

图 7-4　平均空气动力弦

飞机的标准平均翼弦和平均空气动力弦的位置及长度,都可以从各型飞机技术手册上查到。波音系列飞机平均空气动力弦的位置及长度如图 7-1 所示。

表 7-1　波音飞机的 MAC 位置和 MAC 长度

飞机类型	MAC 前缘到基准点的距离 lemac(in)	MAC 长度(in)
B737-600/700/800/900	627.1	155.8
B747 所有型号	1258.0	327.8
B757 所有型号	991.9	199.7
B767 所有型号	613.2	237.5
B777 所有型号	1174.5	278.5
B787-8	1029.8	246.9

（四）平均空气动力弦表示的飞机重心位置

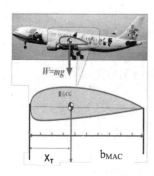

图 7-5　重心位置
%MAC 表示

飞机重心位置以平均空气动力弦来表示,见图 7-5,设重心的投影点到平均空气动力弦前缘的距离为 X_T,平均空气动力弦长为 b_{MAC},则重心相对位置 G_T 可用下式表示:

$$G_T(\%MAC) = (X_T / b_{MAC}) \times 100\%$$

如果公式中的平均空气动力弦换作标准平均翼弦,则是以标准平均翼弦表示飞机重心位置。

【例1】 某架飞机的平均空气动力弦长度为6.0325m,重心在该弦上的投影点距平均空气动力弦前缘的距离为2.325m,求平均空气动力弦表示的重心位置。

解: 重心位置 = 2.325÷6.0325×100% ≈ 38.54%MAC

用平衡力臂及站位表示的重心位置和平均空气动力弦百分数表示的重心位置是可以转换的,见图7-6。记 BA_{CG} 为飞机重心的平衡力臂,BS_{CG} 为飞机重心的站位,BA_{lemac}、BS_{lemac} 分别为平均空气动力弦前缘的平衡力臂和站位,则飞机重心位置由平衡力臂转换为平均空气动力弦百分数的公式如下:

$$G_T(\%MAC) = \frac{BA_{CG} - BA_{lemac}}{b_{MAC}} \times 100\%$$

飞机重心位置由站位转换为平均空气动力弦百分数的公式如下:

$$G_T(\%MAC) = \frac{BS_{CG} - BS_{lemac}}{b_{MAC}} \times 100\%$$

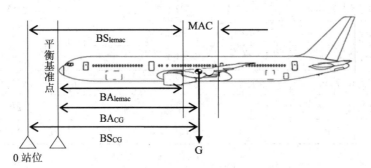

图7-6 重心位置表示的转换

【例2】 某架飞机重心的平衡力臂为648.5in,平均空气动力弦长度为134.5in,平均空气动力弦前缘的平衡力臂为625.6in,求平均空气动力弦表示的重心位置。

解: 重心位置 = (648.5−625.6)÷134.5×100% ≈ 17.03%MAC

【例3】 某架飞机的站位基准点位于飞机机头前方6m处,飞机重心的站位为22.5m,平均空气动力弦的长度为3.9573m,平均空气动力弦前缘的站位为21m,求平均空气动力弦表示的重心位置。

解: 重心位置 = (22.5−21)÷3.9573×100% ≈ 37.90%MAC

第三节　飞机的机体轴

飞机在空中的一切运动,无论怎样错综复杂,总可以分解为飞机各部分随重心一起的移动和各部分绕着重心的转动。为了研究飞机的转动,可以通过飞机重心假想一个坐标轴系。该坐标轴系有三条通过飞机重心的互相垂直的、以机体为基准的轴,称为机体轴,如图 7-7 所示。

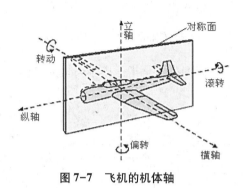

图 7-7　飞机的机体轴

一、纵轴

纵轴沿机身轴线通过飞机重心。飞机绕纵轴的转动,称为飞机的横向滚转,因此纵轴又称为横滚轴。操纵副翼可使飞机产生横滚运动。

二、横轴

横轴沿机翼方向通过飞机重心并垂直于纵轴。飞机绕横轴的转动,称为飞机的俯仰转动,因此横轴又称为俯仰轴。操纵升降舵可使飞机产生俯仰运动。

三、立轴

立轴通过飞机重心并垂直于纵轴和横轴平面。飞机绕立轴的转动,称为飞机的方向偏转,因此立轴又称为偏航轴。操纵方向舵可使飞机产生偏航运动。

第四节　飞机的平衡

飞机的平衡是分析飞行中飞机稳定性和操纵性的基础。飞机的平衡包括"作用力平衡"和"力矩平衡"两方面。"作用力平衡"即作用于飞机的各力之和为零。作用于飞机的力,当不通过飞机重心时,会对飞机重心构成力矩,使飞机产生俯仰运动、横滚运动、偏航运动,因此,飞机的"力矩平衡"包括俯仰平衡、横侧平衡和方向平衡。飞机处于平衡状态时,飞行速度的大小和方向都保持不变,也不绕飞机重心转动。反之,飞机处于不平衡状态时,飞行速度的大小和方向都将发生变化,并绕飞机重心转动。

一、俯仰平衡

俯仰平衡是指作用于飞机的各俯仰力矩的代数和为零,飞机不绕横轴转动。

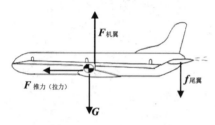

图 7-8　飞机俯仰平衡示意

飞机俯仰平衡的力矩主要有:机翼产生的俯仰力矩、水平尾翼产生的俯仰力矩、螺旋桨拉力或发动机的推力产生的俯仰力矩,如图 7-8 所示。一般情况下机翼产生下俯力矩。但当重心后移较多且迎角很大时,则可能产生上仰力矩。在正常飞行中,水平尾翼产生负升力,故水平尾翼力矩是上仰力矩。当迎角很大时,也可能会产生下俯力矩。螺旋桨的拉力或发动机的推力,其作用线若不通过飞机重心,也会形成围绕重心的俯仰力矩。

影响飞机俯仰平衡的因素主要有:加减油门、收放襟翼和重心位置改变。其中,因载重变化导致飞机重心位置改变对俯仰平衡的影响最大。

当飞机失去俯仰平衡时,驾驶员可通过操纵驾驶杆,改变尾翼升降舵角度而使飞机尾翼升力发生变化,产生操纵力矩,从而保持俯仰平衡。

现代大中型飞机由于纵向尺寸大,重心纵向位移量大,如果重心偏前或偏后,需要的纵向操纵量很大,单靠升降舵不能完全实现在各种飞行状态下的俯仰平衡,因此大多数飞机的水平安定面的安装角是可调节的。需要长时间或大角度操纵升降舵时,可以改变水平安定面的安装角实现纵向配平,见图 7-9。

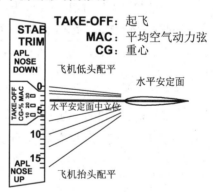

图 7-9　飞机水平安定面的配平

飞机在起飞之前应根据飞机载重平衡的情况进行水平安定面的配平。水平安定面在起飞之前必须调节到起飞位,以保证飞机在起飞过程中的纵向操纵。水平安定面起飞前调定的角度就是配平格(Trim 或 Stab Set)。

二、横侧平衡

横侧平衡是指作用于飞机的各滚转力矩的代数和为零,飞机不绕纵轴转动。

飞机横侧平衡的力矩主要是两翼升力产生的滚转力矩,如图 7-10 所示。

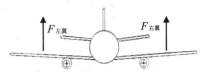

图 7-10　飞机横侧平衡示意

影响飞机横侧平衡的因素主要有两翼升力不等、燃油的加装和利用方式、货物装载情况和滚动情况等。因此飞机加油和耗油时都要保持左右油箱等量。尤其对于宽体飞机,装载货物时要保证机身两侧的载量相差在规定范围内,同时固定稳固,避免货物在飞机失去横侧平衡时向一侧滚动而加重不平衡的程度。

当飞机失去横侧平衡时,可以通过改变某侧机翼的副翼角度而使飞机恢复横侧平衡。例如当飞机向左侧滚转时,则增大左侧副翼放下角度使左侧升力增大,使向右滚转的力矩增大,使飞机重新回到横侧平衡状态。

三、方向平衡

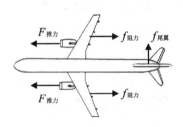

图 7-11　飞机方向平衡示意

方向平衡是指作用于飞机的各偏转力矩的代数和为零,飞机不绕立轴转动。

飞机方向平衡的力矩主要有:两翼阻力产生的偏转力矩、垂直尾翼产生的偏转力矩、左右发动机推力产生的偏转力矩,如图 7-11 所示。

影响方向平衡的因素主要有两侧气流不均衡导致阻力不同、两侧发动机工作状态不同等。例如飞机在飞行时一台发动机熄火,则飞机必然向该发动机所在一侧偏向。又如飞机在飞行时,遇到一股横向风,则飞机出现偏向。

当飞机失去方向平衡时,可以通过改变尾翼方向舵角度,使飞机向相反方向偏转,使飞机恢复方向平衡。例如飞机向右侧偏向时,则使方向舵向左偏一定角度,产生向左偏转的力矩,使飞机回到原方向来。

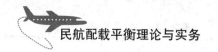

第五节 飞机的稳定性和操纵性

一、飞机的稳定性

在飞行中，飞机会经常受到各种各样的扰动，如气流的波动、发动机工作的不均衡、驾驶员偶然触动杆舵等，这些扰动会使飞机偏离原来的平衡状态。

飞机的稳定性是指在飞行中，飞机受微小扰动偏离平衡状态，但在扰动消失以后，不经驾驶员操纵，飞机能自动恢复原来平衡状态的特性。

要说明飞机的稳定性，先以一个圆球的稳定情况来说明，见图7-12。

一个物体的稳定和它是否平衡有关。一个圆球首先应能平衡，然后才有稳定。当圆球处于平衡状态时，在图7-12（a）的情况下，对它稍加一点力，使它离开原来状态，外力一取消，它立刻就恢复到原来状态。这种情况叫"稳定平衡"。图7-12（b）情况恰恰相反，加外力后它就离开了原位，外力取消后，并不能恢复到原来状态，这就叫"不稳定平衡"。图7-12（c）情况下，施加外力后，小球偏离原来状态，当外力消失时，小球在一个新的位置处于平衡状态，这就叫"随遇平衡"或"中和稳定"。

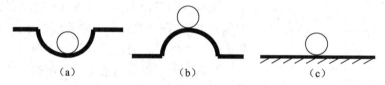

图7-12 圆球的3种平衡状态

飞机也有稳定、不稳定和中和稳定三种情况。倘若飞机受到一个小的外力瞬时的干扰（例如突然吹来一阵风），破坏了它的平衡，在外力取消后，驾驶员不加操纵，飞机靠自身某个构件产生的力矩，就能恢复到原来的飞行状态，那么这架飞机就具有稳定性。如果不能恢复或者更加偏离原来的状态，那么这架飞机就是不稳定的，不具有稳定性。如果飞机始终保持一定的偏离，或者转入另一种平衡飞行状态，那么这架飞机就是中和稳定。

飞机与圆球的运动有一点不同，即飞机是在空间飞行，而圆球是在平面上滚动，因此，飞机是否稳定须按三个互相垂直的机体轴来考虑。飞机绕三根机体轴分别有纵向稳定、方向稳定和横向稳定。

（一）飞机纵向稳定性

飞机纵向稳定性又叫作俯仰稳定性,指飞机受微小扰动迎角发生变化,在扰动消失后,自动恢复原来迎角的特性。

飞机主要是通过水平尾翼产生的附加升力,对飞机重心形成机头下俯或上仰的稳定力矩来获得纵向稳定性的。如图 7-13 所示,飞机飞行中,若有一个小的外力干扰,使它的迎角变大,飞机抬头,绕横轴向上,那么机翼和水平尾翼上将分别产生附加升力,形成稳定力矩,抑制飞机迎角增大,使飞机恢复原有状态。

图 7-13　飞机的纵向稳定性

（二）飞机方向稳定性

飞机方向稳定性又叫航向稳定性,指飞机受微小扰动偏航角发生变化,在扰动消失后,自动恢复原来偏航角的特性。偏航角是飞机纵轴同飞行方向之间所夹的角度。

对飞机方向稳定影响最大的是垂直尾翼。如图 7-14 所示,起初飞机做稳定飞行,不存在偏航角,处于平衡状态。倘若一阵风突然吹来,使机头向右偏,便产生偏航角,阵风消失后,飞机仍保持原来的方向,向前冲一段距离。这时相对风吹到垂直尾翼上,产生了一个向右的附加力。这个附加力对飞机重心产生了一个向左的稳定力矩,使机头向左偏,经过一阵短时间的摇摆,消除了偏航角,将恢复到原有的飞行状态。

（三）飞机侧向稳定性

侧向稳定性又叫横向稳定性,指飞机受微小扰动以致横侧平衡状态遭到破坏,在扰动消失后,自动恢复原来横侧平衡状态的特性。

飞机侧向稳定力矩主要靠机翼的上反角、后掠角和垂直尾翼产生。以机翼上反角为例,如图 7-15 所示,假定飞机在稳定状态下飞行,如果受到微小扰动,使左翼抬起,右翼下沉,飞机绕纵轴发生倾斜。飞机倾斜后,由于机翼上反角的作用,相对气流与右翼之间所形成的迎角,要大于与左翼所形成的迎角。因此,右翼产生的升力大于左翼的升力,这个升力之差,对飞机产生了一个稳定力矩,经过短瞬时间的左右倾侧摇摆,就会使飞机恢复到原来平衡状态。

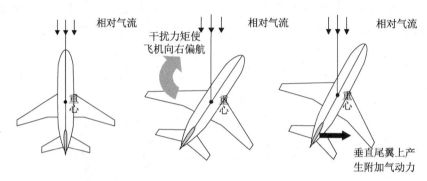

图 7-14　飞机的方向稳定性

图 7-15　飞机的侧向稳定性

(四)飞机重心位置对稳定性的影响

飞机重心位置会对飞机的纵向稳定性产生较大影响;会对飞机的方向稳定性产生影响,但不明显;由于重心位置前后移动,不影响飞机滚转力矩的大小,所以不影响飞机的侧向稳定性。

飞机重心位置越靠前,纵向稳定性越强;重心位置后移,会导致纵向稳定力矩减小,纵向稳定性变差,严重时甚至会失去纵向稳定性。为了保证飞机具有足够的稳定性,重心位置向后移动不允许超过极限位置,此极限位置称为重心后极限。

二、飞机的操纵性

飞机的操纵性是飞机跟随驾驶员操纵驾驶杆、脚蹬动作而改变其飞行状态的特征。

飞机必须具有操纵性,能改变原来的平衡状态,实现起飞、降落、转弯等飞行状态的变化。飞机在空中的操纵是通过三个操纵面升降舵、方向舵和副翼来进行的。转动这三个操纵面,在气流的作用下就会对飞机产生操纵力矩,使之绕横轴、立轴和纵轴转动,以改变飞行姿态。

(一)飞机纵向操纵性

纵向操纵或俯仰操纵是通过升降舵进行的。驾驶员前推驾驶杆,升降舵向下偏转,水平尾翼迎角加大,升力增大,飞机尾部上升,产生一个低头力矩使飞机低头。如果驾驶员后拉驾驶杆,升降舵向上偏转,水平尾翼迎角减小,升力减小,飞机尾部向下,产生抬头力矩,飞机就向上飞行。驾驶杆拉或推的角度越大,升降舵偏转的角度就越大,产生的俯仰力矩就越大。

(二)飞机方向操纵性

方向操纵由改变方向舵的偏转角度实现。当飞机直线飞行时,如果要向右转弯,驾驶员踩右脚蹬,方向舵向右转,相对气流吹向方向舵,就使方向舵产生一个向左的力,对重心形成右转力矩,飞机绕立轴向右转动。如果要使飞机左转弯,则要踩左脚蹬,方向舵左转产生左转力矩。

(三)飞机侧向操纵性

侧向操纵是由驾驶员操纵副翼实现。如果要使飞机向左侧倾斜,驾驶员向左转动驾驶盘,这时左侧副翼上偏,右侧副翼下偏。下偏机翼的迎角增大,升力增大,从而使右侧机翼的升力增大,左侧机翼的升力减小,形成向左侧滚转的力矩,飞机向左侧滚转。当驾驶员向右转动驾驶盘时,则左侧副翼下偏,右侧副翼上偏,形成向右侧滚转的力矩,飞机向右滚转。

(四)飞机重心位置对操纵性的影响

一架飞机稳定飞行时,倘若驾驶员用不大的力施加在驾驶杆、盘或脚蹬上,改变一个操纵舵面的偏转角度,飞机能很快做出反应,改变了飞行状态,那么这架飞机的操纵性能是好的;倘若反应很慢,则就是操纵不灵敏。

飞机重心位置会对飞机的纵向操纵性产生较大影响;会对飞机的方向操纵性产生影响,但不明显;由于重心位置前后移动,不影响飞机滚转力矩的大小,所以不影响飞机的侧向操纵性。

飞机重心位置越靠后,纵向操纵性越强;重心位置前移,由于稳定力矩增大,会导致纵向操纵性变差,严重时甚至会失去纵向操纵性。为了保证飞机具有足够的操纵性,重心位置向前移动不允许超过极限位置,此极限位置称为重心前极限。

由于重心位置的变化与飞机稳定性、操纵性强弱有直接关系,为了使飞机的稳定性和操纵性达到合理的平衡,因此,配载平衡人员必须做好飞机客、货、行、邮在机舱内的布局工作,同时考虑飞行中因燃油消耗、收放起落架、收放襟翼、人员走动等原因引起的飞机重心变化,确保在飞行中任一时刻飞机的重心位置都在前后极限的安全范围内。

第六节　飞机重心位置求算

飞机重心位置的计算方法有代数法、站位法、指数法、平衡图表法、计算机配载平衡法等,其中代数法是各种计算方法的基础。

一、代数法

(一)原理公式

以重心到基准点的距离作为未知数 x,逐项计算力矩,最后求算重心位置的方法,叫代数法。

代数法的原理是合力矩定理,即一个系统中,合力对任一点之力矩等于各分力对同一点的力矩之和。因此,系统重心到基准点的距离 x = 系统总力矩÷系统总重量。

【例4】　如图7-16所示,某系统由棒子 E 及三个重物 P、F、C 组成,其重量分别为 $W_E = 4kg$、$W_P = 2kg$、$W_F = 1kg$、$W_C = 3kg$,棒子及重物的重力着力点距离棒子左端 A 点分别为 $L_E = 3m$、$L_P = 2m$、$L_F = 5m$、$L_C = 6m$,试确定该系统重心。

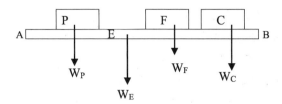

图7-16　合力矩定理

解:

方法一:系统中取 A 点处为基准点,由于力和力矩都是矢量,因此规定施力点在基准点右边为正,左边为负。则:

系统各分力相对基准点的力矩和:

2×2+4×3+1×5+3×6＝39kgm

系统合力即系统重力为:2+4+1+3＝10kg

系统合力矩＝分力矩和＝ 39kgm

所以:合力力臂:39÷10＝3.9m,正号代表合力施力点在基准点右边。

即,系统重心位置在 A 点右边距离3.9m 处。

方法二:系统中取 A 点右侧4米处为基准点,同样规定施力点在基准点右边为正,左边为负。则:

系统各分力相对基准点的力矩和:

(−2)×2 +(−4)×1 +1×1 +3×2＝ −1kgm

系统合力即系统重力为:2+4+1+3＝10kg

系统合力矩＝分力矩和＝ −1kgm

所以:合力力臂:−1÷10＝ −0.1m,负号代表合力施力点在基准点左边。

即,系统重心位置在基准点左边距离 0.1m 处,也就是 A 点右边距离3.9m 处。

由此可见:代数法求系统重心位置,重心位置不受基准点变化的影响。例4中棒子 E 相当于飞机自身,重物 P 相当于旅客,重物 F 相当于油量,重物 C 相当于货物,因此,系统的重心,相当于飞机的重心。

(二)计算飞机重心位置步骤

将代数法用于飞机重心的计算,其过程是:

① 根据计算的方便随意在飞机的机身纵轴线上假设一个基准点。

确定计算原则:抬头力矩为正,低头力矩为负,则:

在基准点的前面增加重量:(-)力矩

在基准点的后面增加重量:(+)力矩

在基准点的前面减小重量:(+)力矩

在基准点的后面减小重量:(-)力矩

② 把飞机上装载的各项重量分别根据它们距离基准点的力臂长度,逐项算出装载力矩数。

③ 每架飞机的空机重量和空机重心位置飞机制造厂已提供,即可求出飞机的空机力矩,以空机力矩数为基础,加上装载力矩数,得出飞机装载后的总力矩。

④ 总力矩再除以总重量,得飞机装载后的重心距离基准点的力臂长度,即重心位置所在。

⑤ 根据平均空气动力弦位置,将飞机重心位置换算成%MAC值。

【例5】 某飞机空机重量604kg,空机重心平衡力臂17m,机上设置前排两个座位,平衡力臂18m,后排两个座位平衡力臂20m,油箱平衡力臂19m,行李箱平衡力臂22m。平均空气动力弦长度为1.2m,平均空气动力弦前缘的平衡力臂为17.4m。执行本次航班任务,前排座位上是一位体重65kg的飞行员和一位体重50kg的乘客,后排座位上是两名体重分别为80kg和45kg的乘客,同时携带行李25kg、航油150kg。试确定飞机的重心位置。

解:

将给定的条件,填入表7-2,得装载后飞机重心位置的平衡力臂18128÷1014≈17.88m,平均空气动力弦表示的重心位置=(17.88-17.4)÷1.2×100%=40%MAC。

表7-2 装载重心计算表

项目	重量(kg)	平衡力臂(m)	力矩(kgm)	装载后飞机重心位置(m)
空机	604	17	10 268	
前排座位	115	18	2070	
后排座位	125	20	2500	17.88
燃油	150	19	2850	
行李	20	22	440	
合计	1014		18 128	

代数法是计算飞机重心位置的基本方法。计算中基准点的改变不影响重心位置。但由于基准点的不确定,造成表示重心位置的数字千变万化。虽然其最终值%MAC 是一致的,但在实际操作中仍非常不便。

二、站位基准点法

站位基准点法是对代数法的一种改进。它采用固定的基准点来计算飞机重心位置。它应用代数法的计算方式,设定"0 站位"点为基准点,逐项计算力矩,最后计算重心位置。与代数法相比,站位基准点法计算出重心位置的数据是唯一的。但以站位数表示的重心位置,由于数值太大等原因在商务配平中不常用,在机务维修中更适合。站位基准点法计算出的重心站位可以换算成%MAC 值。

三、指数法

由于飞机基本重量、油量、客货行邮重量等数值较大,在应用代数法、站位基准点法计算飞机重心时,常常会显现力矩值很大,这为准确计算带来了不便。因此,为了计算方便人为地将力矩缩小了一定倍数,这就是指数。指数法是按照给定的规则——指数方程,将力矩的加减计算转换为指数的加减计算,求重心位置的方法。

指数法计算飞机重心位置的步骤如下:

第一步:计算单位装载量的力矩数,例如第一排座位安排 1 名旅客时构成的力矩数、第二排座位安排 1 名旅客时构成的力矩数……第 1 号货舱装载 100kg 货物时构成的力矩数、第 2 号货舱装载 100kg 货物时构成的力矩数……第 1 号油箱装入 100kg 燃油时构成的力矩数、第 2 号油箱装入 100kg 燃油时构成的力矩数……

第二步:计算单位装载量指数,公式如下,不同机型的缩小系数不同。

$$单位装载量指数 = \frac{单位装载量的力矩数}{缩小系数}$$

第三步:计算各实际装载量(客、货、燃油等)的指数。实际装载量指数等于实际装载重量和其单位装载量的比值,再与单位装载量指数相乘。

第四步:计算基本重量指数,公式如下:

$$基本重量指数 = \frac{基本重量力矩数}{缩小系数} + 常数$$

加常数的目的是为了保证无燃油重心指数为正。基本重量指数数值一般是固定的。如果飞机机组、机供品等与标准配备不同,则需要对基本重量指数进行

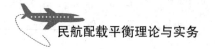

修正。

第五步:所有指数相加,得到总力矩指数。

第六步:查计算表,计算表是根据总力矩指数、总重量、重心位置的关系,而画成的表格。查表可以通过已知的总力矩指数,查出以平均空气动力弦百分比表示的飞机重心位置。

【例6】 B737-700 飞机的指数方程为:$\dfrac{W_t \times (\text{arm}-658.3)}{30\,000}+45$,$W_t$ 是各项目重量值,arm 是各项目以英寸为单位的力臂数(站位数),658.3 是平衡基准点站位,30 000 是缩小系数,45 是基本重量指数应添加的常数。试用指数法求 B737-700 的重心位置。

解:

飞机重心位置的计算步骤为:

第一步:把各项目的站位力臂换算成以平衡基准点为准的力臂长度,即 arm-658.3。

第二步:计算单位装载量的力矩数,即 $W_t \times (\text{arm}-658.3)$,此时 W_t 为单位装载量。

第三步:$\dfrac{W_t \times (\text{arm}-658.3)}{30\,000}$,将单位装载量的力矩数缩小系数得出单位装载量指数。

第四步:根据单位装载量指数求算出飞机实际装载量指数。

第五步:按照 $\dfrac{W_t \times (\text{arm}-658.3)}{30\,000}+45$,得出基本重量指数,此时 W_t 为飞机基本重量。

第六步:把所有的指数相加,得出总力矩指数。

第七步:查表求得飞机重心位置。

四、平衡图表法

指数法虽然比代数法、站位法要简便,但仍需要进行很多的计算。平衡图表法是以指数法为基础设计出来的,是指数法的图表化,用平衡图表法计算飞机的重心位置要比用指数法简便得多。折线型平衡图表是利用每格指数的左右移动加总得出总指数;指数型平衡图表则更准确地列出各固定装载位置的不同装载指数,计算加总得出总指数。平衡图表法的原理与指数法完全相同,具体将在第八章中讲述。

五、计算机配载平衡法

计算机配载平衡法仍是根据代数法的计算原理,它所有的计算过程均由计算机程序代替。在输入飞机数据(飞机基重、基重指数、油量、载量等)后,自动计算重心位置。其优势在于更准确快捷,重心调整更方便,而且可考虑到更多影响细节,可以精确考虑到每排座位、每个分货舱的载量对重心的影响,这是手工绘制平衡图表无法做到的,手工绘制平衡图表计算重心,通常只能考虑到某个区域对重心的影响。计算机配载平衡法具体将在第十章中讲述。

第七节　业载移动/增减后的重心

配载平衡工作中难免遇到飞机装载后,业载要进行移动、增加或减少的情况。例如:飞机超载;飞机不超载但重心位置不符合平衡要求;旅客因故中断旅行,需要拉下行李;临时加装货物等。此时,配载平衡人员要有能力快速和精确地处理任何重量移动、增加和减少后的飞机重心问题。

根据合力矩定理,业载移动、增加或减少后的飞机重心位置确定可以使用以下两个公式:

$$\frac{\text{移动的业载重量}}{\text{飞机总重量}} = \frac{\text{重心位置改变量}}{\text{业载重量移动的距离}} \text{(业载移动公式)}$$

$$\frac{\text{业载重量的改变量}}{\text{飞机新的总重量}} = \frac{\text{重心位置改变量}}{\text{增减重量位置与原重心的距离}} \text{(业载增减公式)}$$

【例 7】　已知装载后飞机总重量为 68 000kg,重心位置的平衡力臂为 15m,4 号货舱的平衡力臂为 38m,1 号货舱的平衡力臂为 4m。问:①若有 1000kg 的货物从 4 号货舱移到 1 号货舱,此时飞机的重心位置? ②若重心后极限的平衡力臂为 14m,确保安全飞行至少需要将多少重量的货物从 4 号货舱移动到 1 号货舱?

解:

①应用业载移动公式:

$$\frac{1000}{68\,000}=\frac{\Delta G}{4-38} \qquad 得:\Delta G=-0.5m$$

重心位置移动量加上原来重心位置15m,即可得到新的重心位置:

$$新重心位置:15-0.5=14.5m$$

②为满足安全飞行要求,重心位置最小改变量为 $14-15=-1m$,其对应的移动业载重量即为最小移动重量,应用业载移动公式:

$$\frac{移动的业载重量}{68\,000}=\frac{-1}{4-38} \qquad 得:移动的业载重量=2000kg$$

由于各个货舱的位置是固定不变的,所以在两个货舱之间移动货物的重量和飞机重心位置的变化量是成正比例的。若知道两个货舱之间移动单位重量货物时飞机重心位置的变化量,即能进行倒舱的快速计算。

【例8】 某航班,飞机的重心为18.7%MAC,配载人员认为飞机重心过于靠前,希望将飞机重心调整至20.2%MAC。已知飞机单位业载重量移动时重心位置移动如表7-3所示,试制订倒舱方案。

表7-3 重心位置随载量变化的移动量

每移动100kg货物	重心位置移动量
1号货舱移动至2号货舱	0.1%MAC
2号货舱移动至3号货舱	0.3%MAC

解:

需要调整的重心位置改变量为:20.2%MAC-18.7%MAC=1.5%MAC,飞机重心需要后移1.5%MAC,具体倒舱方案如下:

方案一:货物从1号货舱移动至2号货舱,则需要移动的货物重量为

$$(1.5\div0.1)\times100=1500kg$$

方案二:货物从2号货舱移动至3号货舱,则需要移动的货物重量为

$$(1.5\div0.3)\times100=500kg$$

方案三:货物从1号货舱移动至3号货舱,则需要移动的货物重量为

$$[1.5\div(0.1+0.3)]\times100=375kg$$

【例9】 已知飞机装载后总重量为51 000kg,重心位置的平衡力臂为8m,准备在3号货舱拉下1000kg货物,3号货舱的平衡力臂为33m。问①飞机业载减少后新的重心位置?②若飞机重心位置要前移到7m平衡力臂处,则3号货舱

应拉下多少货物?

解:

①应用业载增减公式:

$$\frac{-1000}{51\,000-1000}=\frac{\Delta G}{33-8}$$

得:$\Delta G=-0.5$m,新重心位置:$8-0.5=7.5$m

②此时,重心位置改变量:$7-8=-1$m,应用业载增减公式:

$$\frac{业载重量的改变量}{51\,000+业载重量的改变量}=\frac{-1}{33-8}$$

得:业载重量的改变量≈-1962kg

即,需要从 3 号货舱拉下 1962kg 货物。

习题与思考

1. 飞机重心的平衡力臂、站位、平均空气动力弦百分数之间如何转换?

2. 操纵副翼、升降舵和方向舵将使飞机产生什么运动?

3. 现代民航飞机的水平安定面有何特点,起飞前水平安定面位置如何决定?

4. 飞机平衡需具备什么条件?

5. 飞机的稳定性和操纵性的关系是什么?

6. 飞机重心位置对飞机稳定性和操纵性有什么影响?

7. 已知飞机装载后总重量为 35 000kg,重心位置的平衡力臂为 10m,重心后极限的平衡力臂为 8m,3 号货舱有 4000kg 货物,3 号货舱的平衡力臂为 34m。2 号货舱的平衡力臂为 14m。试确定至少要从 3 号货舱移动多少重量的货物到 2 号货舱,飞机才能安全飞行? 若无法倒舱,则至少需要从 3 号货舱拉下多少货物?

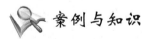

案例与知识

天空航空 B738 在斯图加特机场起飞时擦尾

2005 年 4 月 23 日,一架天空航空公司注册号为 TC-SKC 的波音 737-800 飞机搭载 89 名乘客和 7 名机组人员,代表孟菲斯航空公司执行从德国斯图加特飞往杜塞尔多夫的 MHS-520 航班。该飞机获得许可从斯图加特机场的 25 号跑道起飞。在初始加速过程中飞机抬头上仰,但此时机尾擦到跑道道面,迫使机长降低速度中断起飞。减速时飞机低头，前起落架重新接地。飞机滑出跑道时无其他事故发生，并停在 E 滑行道上，从那里被拖至停机坪。乘客正常离开飞机。一名飞机乘务员受到轻伤，飞机受到严重损伤。

2010 年 11 月，德国航空事故调查局(BFU)公布了德语版的最终调查报告，报告称导致这起严重事故的可能原因如下：

由于剩余乘客及其行李全都放在飞机的后部，使得飞机重心过于偏向机尾。除装卸长以外的所有相关人员都缺乏足够的安全意识也是一个重要原因。

BFU 报告称，飞机计划是由赫尔格达起飞，经杜塞尔多夫抵达斯图加特，然而飞行计划在最后一刻被改成由赫尔格达起飞，经斯图加特抵达杜塞尔多夫。飞机上的 189 名乘客中有 100 人在斯图加特下机。剩余的乘客没有重新调整座位，全都坐在飞机的后部。

一名飞机乘务员注意到了这种不正常的座位安排，并向机长征求了意见，然而机长说没有必要调整座位。

飞机的舱单显示重量和重心都在限制之内，但实际的装载布局使飞机重心超过了后限。

当飞机还停在停机坪时，斯图加特的装卸组组长注意到其前起落架完全展开，轮胎刚刚触到地面，而机尾却不正常地偏低。他让机坪代理再次检查舱单。

机坪代理收到了办公室人员的回复，说一切正常没有问题。

接着装卸长看到飞机开始滑行，他还注意到前起落架完全展开而轮胎刚刚触地，转弯时前起落架是在地面上向外漂移，因为从装卸长的角度看它几乎没碰到地面。装卸长通知了负责的运行控制人员。但运行控制人员在其位置上看不到飞机，于是猜测飞机已经起飞了，他无法用无线电通知机组。与此同时飞机到达 25 号跑道并获许可起飞，紧接着发生擦机尾事故。

BFU 解释道，驾驶舱语音记录器的记录表明在之前的飞行中机组曾遇到过类似事件，整个机组都清楚重新调整乘客座位的必要性。该机长(55 岁，持有航线运输驾驶员执照)共有 12 000 小时的飞行经验，其中 3000 小时的该机型飞行经验。副驾驶(46 岁，持有航线运输驾驶员执照)有 5200 小时的飞行经验，其中 3000 小时的该机型飞行经验。经计算，起飞时的重量为 54 223kg(119 434lbs)，CG 位于 18.3%MAC(限制之内)，配平设置为+6.51 度。这些舱单，都是根据 42 名乘客坐在飞机前部的计算结果。

资料来源：中国民航大学民航安全科学研究所. 世界民航事故调查跟踪，2011-04.

第八章　载重表与平衡图

学习要点

- 航班平衡工作流程
- 载重表的填制
- 折线型平衡图的填制
- 指数型平衡图的填制

载重平衡图不仅反映航班飞行数据、装载数据的真实情况,而且是飞机重心位置的计算图表,是民航运输的重要业务文件。载重平衡图按机型设计,每套图纸包括载重表(Loadsheet & Loadmessage)、平衡图(Weight and Balance Manifest)、装机通知单(Loading Instruction)。各机型载重表、装机通知单的设计比较统一,平衡图有折线型和指数型两种设计。载重平衡图的填制是每个配载平衡人员都必须掌握的基本功。装机通知单的填制已在第六章中做了介绍,本章将介绍载重表和平衡图的填制方法。

第一节 航班平衡工作流程

载重表和平衡图的填制是航班平衡工作的重要内容,配载平衡人员完整的平衡工作流程如下。

一、平衡准备工作

① 制作载重表和平衡图时,应先根据航班计划,核对机型、飞机注册号,准备对应的载重表和平衡图一式三份,不同机型载重表和平衡图存在差异,不可混用。

② 从客运调度处或航务部门获得油量及机组等信息,修正基本配置。

③ 由最大起飞重量、最大着陆重量、最大无油重量及起飞油量、航段耗油,算出最大业载。

④ 收到货运装机通知单时,检查货物、邮件、行李装载计划是否合理,如不符合要求应及时通知货运配载部门修正。

完整、正确的装机通知单依据以下原则:

① 保证旅客、行李所需载量。

② 各舱位实际装载总量应小于各舱位的限载量。

③ 装机通知单应详细、清楚、完整地列明各舱装载货物的车号(集装器号)、件数、重量、性质等,遇多个目的地时应注明货物、行李、邮件的目的地。

二、平衡操作

① 航班起飞前 30 分钟,与值机或控制员交接人数、行李件数和重量。如旅

客舱位分布不符合平衡要求,需通知航班控制员调整。如是联程航班,应从结载的人员处得到不同航段旅客座位分布信息,填入备注栏。

② 根据不同航段,分段结算旅客人数、货物、邮件、行李的重量,在载重表中结算出实际无油、起飞、着陆重量。

③ 结算货物、邮件、行李各舱的装载重量,结算旅客实际占座,据此在平衡图中填制出飞机的无油和起飞重心,以及起飞配平,读出 ZFW%MAC、TOW%MAC、STAB TRIM FOR T.O.三个指数。

④ 对各到达站及总计数的横竖各栏进行核对检查,保证一致。

⑤ 对航班实际无油、起飞、着陆等重量与允许限额进行核对检查,确保剩余业载为正值。

⑥ 检查、核对平衡图,确保无油、起飞、着陆重心在允许的范围内。

⑦ 若有特殊信息需要说明,在 SI 栏内列明。

⑧ 载重表和平衡图实行双人复核制,双人复核,双人签名。

⑨ 载重表和平衡图制作完毕后,应在航班起飞前 5 分钟,将载重表和平衡图及业务文件袋送上飞机,交机长检查签收。载重表和平衡图一式三份,一份交机组,一份作为随机业务文件到目的地,一份平衡室留存。

⑩ 若送出随机文件后,旅客人数、行李、货物、邮件再有增减,在允许的范围内更改,并在 LMC 栏作相应修正(允许范围视不同机型而定)。

三、平衡航后工作

① 航班起飞后 5 分钟内,拍发载重电报等相关业务函电。

② 将出港载重电报、载重表和平衡图、货运装机通知单、旅客行李交接单、过站载重平衡图等相关航班文件装订存档,在航班客货载量记录中登记出港旅客人数、行李、货物、邮件数据。

四、飞机重心位置不符合要求的处理

航班平衡工作中发现飞机重心位置不符合平衡要求时,可以采取以下处理措施:

① 倒舱位。从重心偏出的货舱内卸下适量货物、邮件或行李,装入另一方货舱内。

② 卸货。当货舱满载无法倒舱位时,可从重心偏出的货舱内卸下适量的货物、邮件或行李。

③ 调换旅客座位。

④ 加压舱物或压舱油,通常适用于小飞机,如 CRJ 飞机。

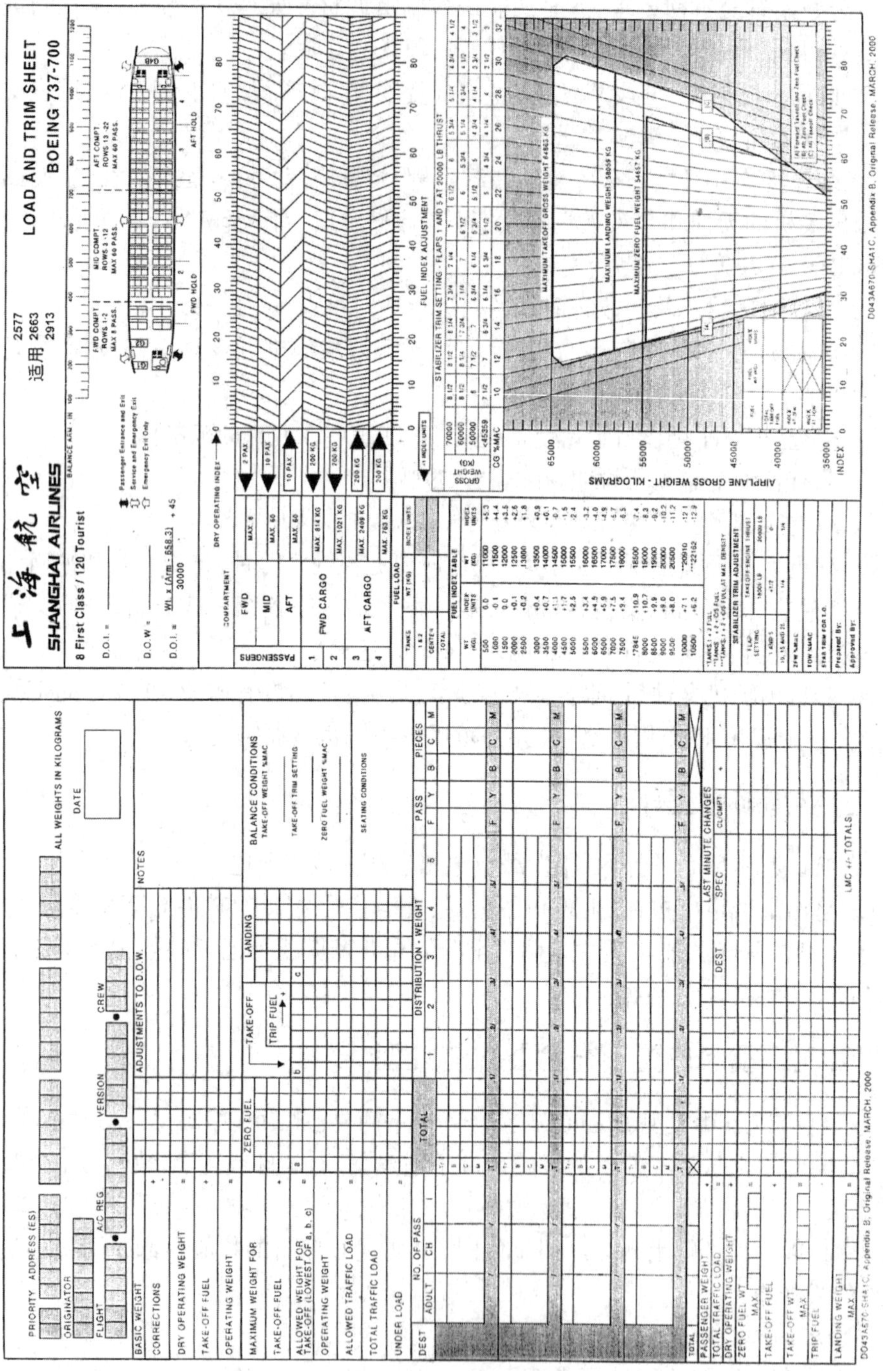

图8-1 B737-700载重表和平衡图

第二节 载重表介绍

载重表通常会和平衡图设计在一起,如图 8-1 中左图为 B737-700 的载重表,右图为其折线型平衡图。下面以 B737-700 的载重表为例进行介绍。

一、基本情况栏

载重表的表头填写部分是参照标准载重电报设计的,反映航班配载平衡的责任部分和联系部门,以及航班基本信息。如图 8-2 所示:

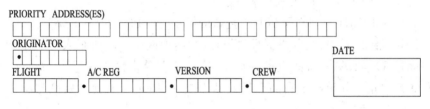

图 8-2 基本情况栏

其中:

① PRIORITY:电报等级二字代码。

② ADDRESS(ES):收报单位地址 7 字代码。

③ ORIGINATOR:发电单位地址。其组成方式与收报单位地址相同。

④ DATE:航班执行的日期(年、月、日),也即填表日期。

⑤ FLIGHT:航班号。

⑥ A/C REG:飞机的注册编号,为 AIRCRAFT REGISTER 的缩写。

⑦ VERSION:客舱最大可利用座位布局,即各等级舱位可使用座位数。

⑧ CREW:机组组成情况,为"飞行人员数/乘务人员数/随机机组人数"。所谓随机机组是指乘坐本航班,但不执行此次航班任务的机组。如 5/8,表示飞行 5 人,乘务 8 人;如有随机机组人员或其他加入机组的人员,但不执行任务,则填写在最后,如 5/8/2。

二、操作重量栏

操作重量栏计算出飞机操作重量,为计算飞机最大业载做准备,如图 8-3 所示:

BASIC WEIGHT							ADJUSTMENTS TO D.O.W.
CORRECTIONS	+						
	−						
DRY OPERATING WEIGHT	=						
TAKE-OFF FUEL	+						
OPERATING WEIGHT	=						

图 8-3 飞机操作重量栏

其中：

① BASIC WEIGHT：飞机基本重量。

② CORRECTIONS：对飞机基本重量的修正，如机组、食品（PANTRY）的增减等。修正机组的重量，是除去标准机组外，所增加或减少的机组人员的体重。通常每名按80kg计算。有些机型的食品、餐具等重量未计入基重内，需要在此处进行重量修正。如果额定食品已计入基重之内，但实际的食品重量与额定值不同，则也需在此处进行修正。

③ DRY OPERATION WEIGHT：飞机修正后的基本重量，为①+②之和。

④ TAKE-OFF FUEL：该飞机本次飞行的起飞油量，不含滑行用油。

⑤ OPERATING WEIGHT：飞机的操作重量，为③+④之和。

三、最大业载及剩余业载栏

最大业载及剩余业载栏通过最大业载计算的三大公式，求出航班的最大业载，比较航班实际业载情况，求出航班的剩余业载。如图8-4所示：

其中：

① MAXIMUM WEIGHT FOR

　　—— ZERO FUEL：最大无油重量；

　　—— TAKE-OFF：最大起飞重量；

　　—— LANDING：最大着陆重量。

② TAKE-OFF FUEL：起飞油量。

③ TRIP FUEL：航段耗油量。

④ ALLOWED WEIGHT FOR TAKE-OFF（LOWEST OF a、b、c）：允许的起飞重量，为 a、b、c 三项的最小者。其中：

"a"=MAXIMUM WEIGHT FOR ZERO FUEL+TAKE-OFF FUEL；

MAXIMUM WEIGHT FOR		ZERO FUEL				TAKE-OFF		LANDING			
TAKE-OFF FUEL	+					TRIP FUEL	+				
ALLOWED WEIGHT FOR TAKE-OFF (LOWEST OF a, b, c)	=	a				b		c			
OPERATING WEIGHT	−										
ALLOWED TRAFFIC LOAD	=										
TOTAL TRAFFIC LOAD											
UNDER LOAD	=										

图 8-4　最大业载及剩余业载栏

"b" = MAXIMUM WEIGHT FOR TAKE-OFF；

"c" = MAXIMUM WEIGHT FOR LANDING+TRIP FUEL。

哪项最小,则后续的计算就在哪栏往下进行。

⑤ OPERATING WEIGHT:飞机的操作重量。

⑥ ALLOWED TRAFFIC LOAD:最大业载,为④-⑤的差。

⑦ TOTAL TRAFFIC LOAD:航班实际业载。该项内容根据下面的载量计算结果与舱位布局栏的计算结果填写。

⑧ UNDER LOAD:剩余业载,为⑥-⑦的差。

四、载量计算与舱位布局栏

载量计算与舱位布局栏填写航班上装载的到各到达站的客货行邮情况及其舱位分布/舱位等级情况。如图 8-5 所示:

其中:

① DEST(Destination):到达站。填写城市或机场的三字代码。通常有多栏,一般从最下一栏填写航班最后一站的情况,往上填写倒数第二站的情况,以此类推。对于直达航班,一般将到达站的情况填写在最下一栏内。

② NO.OF PASS:旅客人数。分为三个部分:

ⓐ 过站至到达站的旅客人数;

ⓑ 本站出发至到达站的旅客人数;

ⓒ 本站出发和过站的至到达站的旅客总人数,为ⓐ+ⓑ。

ADULT 成人人数,在有的机型载重平衡图上,这里会分为 M(Male)男旅客、F(Female)女旅客。我国航班人数统计中没有分性别,因此成人旅客都填入

ADULT栏内;Ch(child)儿童人数;I(infant)婴儿人数。

③ TOTAL:除旅客重量外的所有业载重量。包括:

Tr(TRANSIT)——过境业载。过站至到达站的行李、邮件和货物的重量之和,没有过境业载时,此处也可填集装设备重量。

B(BAGGAGE)——行李重量。

C(CARGO)——货物重量。

M(MAIL)——邮件重量。

T(TOTAL)——至到达站的行李、邮件和货物的重量。为 Tr+B+C+M。

④ DISTRIBUTION WEIGHT:各舱位装载情况。"1"表示 1 号货舱,"2"表示 2 号货舱,以此类推。填写至到达站的 Tr、B、M、C 在各货舱的装载重量及总重量。

⑤ PASS:填写至到达站的旅客各舱位等级人数。

⑥ PIECE:填写至到达站的 B、C、M 的件数。

DEST	NO.OF PASS.			TOTAL		DISTRIBUTION-WEIGHT					PASS		PIECE		
	ADULT	CH	I			1	2	3	4	5	F	Y	B	C	M
a				Tr											
b				B											
				C											
				M											
c	/		/	.T		1/	2/	3/	4/	5/	F	Y	B	C	M
				Tr											
				B											
				C											
				M											
	/		/	.T		1/	2/	3/	4/	5/	F	Y	B	C	M
				Tr											
				B											
				C											
				M											
	/		/	.T		1/	2/	3/	4/	5/	F	Y	B	C	M
				Tr											
				B											
				C											
				M											
	/		/	.T		1/	2/	3/	4/	5/	F	Y	B	C	M
TOTAL				×											

图 8-5　载量计算与舱位布局栏

五、实际重量计算栏

实际重量计算栏用于计算本次航班的实际无油重量、实际起飞重量、实际着陆重量。如图 8-6 所示:

PASSENGER WEIGHT	+							
TOTAL TRAFFIC LOAD	=							
DRY OPERATING WEIGHT	+							
ZERO FUEL WT MAX	=							
TAKE-OFF FUEL	+							
TAKE-OFF WT MAX	=							
TRIP FUEL								
LANDING W MAX	=							

图 8-6　实际重量计算栏

其中：

① PASSENGER WEIGHT：该航班所有旅客的重量。

② TOTAL TRAFFIC LOAD：本次航班的实际业载。旅客、行李、邮件、货物的总重量。

③ DRY OPERATING WEIGHT：飞机修正后的基本重量。

④ ZERO FUEL WT：实际无油重量；MAX 栏填写最大无油重量，实际无油重量要小于最大无油重量。

⑤ TAKE-OFF FUEL：起飞油量。

⑥ TAKE-OFF WT：实际起飞重量；MAX 栏填写最大起飞重量，实际起飞重量要小于最大起飞重量。

⑦ TRIP FUEL：航段耗油量。

⑧ LANDING WT：实际着陆重量；MAX 栏填写最大着陆重量，实际着陆重量要小于最大着陆重量。

六、最后一分钟修正栏

当载重表完成后，有时会遇到航班又有加载或减载旅客或货物的情况，此时，如果航班加载或减载的量在航空公司限制的范围内（不同机型允许范围不同），可以在最后一分钟修正栏里填写，如图 8-7 所示。如果航班加载或减载的量超出限制，则需要重新制表。

其中：

① LAST MINUTE CHANGES：最后一分钟修正。

② DEST（Destination）：到达站。

图 8-7 最后一分钟修正栏

③ SPEC(SPECIFICATION):发生变更的项目。例如:2 名旅客,则写成 2 PASS;3 件行李,则写成 3 BAG;5 件货物,则写成 5CARGO。

④ CL/CMPT:发生变更的旅客舱位等级或 B、M、C 所在舱位号。

⑤ +/-:增加/减少。填写相应的栏。

⑥ LMC +/- TOTALS:最后一分钟总共变化的重量。

七、补充信息栏

补充信息栏填写一些需要补充说明的信息,当载重表和平衡图设计在一起时,该栏目还会包括平衡状态栏,填写飞机实际起飞重心、实际无油重心、起飞配平等数据,如图 8-8 所示。

图 8-8 平衡状态及补充信息栏

其中:

① NOTES:附注。填写一些供配载平衡人员或飞行人员参考、注意的事项。如来不及修正的内容、特种货物简语及装舱位置等。在有些机型的载重平衡图里,这栏为 SI(SPECIAL INSPECTION)栏所替代,SI 意为特别检查栏。此栏内容需进行电报拍发。内容包括:需要特别说明的飞机修正的基本重量 BW 和飞机基本重量指数 BI,以及需要通知下站的注意事项,如特殊物品装载的重量、件数和位置,加用尾撑杆以及其他的服务要求等。

② BALANCE CONDITIONS：平衡状态。

——TAKE-OFF WEIGHT %MAC：平均空气动力弦百分数表示的起飞重心；

——TAKE-OFF TRIM SETTING：起飞配平；

——ZERO FUEL WEIGHT %MAC：平均空气动力弦百分数表示的无油重心。

③ SEATING CONDITIONS：客舱占座情况。

第三节　折线型平衡图介绍

折线型平衡图是利用折线的左右移动进行指数加减运算，求飞机重心。折线型平衡图比较直观，但误差比指数型平衡图大。下面以图 8-1 的右图 B737-700 的平衡图为例介绍折线型平衡图。

一、基本信息栏

基本信息栏反映航班的基本信息。如图 8-9 所示。

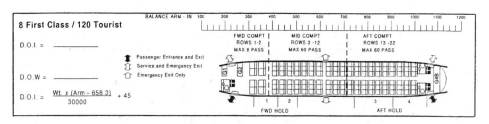

图 8-9　基本信息栏

其中：

① D.O.I：修正后的基本重量指数。

$D.O.I = \dfrac{Wt \times (Arm - 658.3)}{30\,000} + 45$ 是相应的指数方程。

② D.O.W：修正后的基本重量。

基本信息栏给出了飞机的平衡力臂标尺（以"in"为单位）和舱位布局情况，从图中可以看出，B737-700 飞机客舱分为 3 个区域，1~3 排为 FWD 区（前客舱），最多可以坐 8 人。3~12 排为 MID 区（中客舱），最多可以坐 60 人。13~23 排为 AFT 区，最多可以坐 60 人。货舱分为 4 舱，其中，1 舱、2 舱为前舱，3 舱、4 舱为后舱。

二、装载和重心移动栏

装载和重心移动栏填写飞机各舱装载重量,以折线表示每一种装载项目对飞机重心的影响增量,以确定飞机重心。如图 8-10 所示。

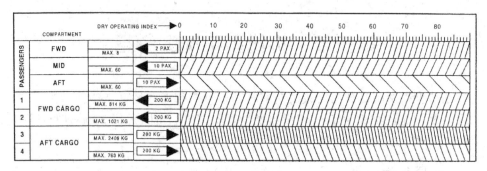

图 8-10　装载和重心移动栏

其中:

① DRY OPERATING INDEX:修正后的基本重量指数。装载和重心移动栏的上部是一条指数标尺。

② COMPARTMENT:舱位。FWD:前客舱,MID:中客舱,AFT:后客舱;FWD CARGO 1:第 1 号货舱,FWD CARGO 2:第 2 号货舱,AFT CARGO 3:第 3 号货舱,AFT CARGO 4:第 4 号货舱。相应位置根据载重表分别填写客货舱载量。

各舱位装载量对飞机重心位置影响的具体画法如下:

以修正后基本重量指数为起点,从指数标尺上找到这一点,由此向下引一条垂直线先与旅客区第一行内的斜线相交,由此交点按该区域上所指的箭头方向向左或向右(向左指意味着此项装载量使飞机重心前移,向右指意味着重心后移)画一条横线,其长度格数为实际装载量与单位数的比值(如若 FWD 舱有 6 个旅客,则横线长度为 3,即 6 除以单位数 2),到达于一点。由此点再向下引垂直线与第二行内的斜线相交,再由此点画横线,以此类推,最终得到飞机无油重量的指数线。

三、油量指数栏

油量指数栏反映飞机上的燃油重量对飞机重心位置的影响,如图 8-11 所示,通过查油量指数表,可以得出具体的影响程度。飞机起飞重量和无油重量之间相差起飞油量,所以在飞机无油重量指数线基础上加上起飞油量指数就可以得出飞机起飞重量指数线。

FUEL LOAD		
TANKS	WT (KG)	INDEX UNITS
1 & 2		
CENTER		
TOTAL		

FUEL INDEX TABLE			
WT (KG)	INDEX UNITS	WT (KG)	INDEX UNITS
500	0.0	11000	+5.3
1000	-0.1	11500	+4.4
1500	0.0	12000	+3.5
2000	+0.1	12500	+2.6
2500	+0.2	13000	+1.8
3000	+0.4	13500	+0.9
3500	+0.7	14000	+0.1
4000	+1.1	14500	-0.7
4500	+1.7	15000	-1.5
5000	+2.5	15500	-2.4
5500	+3.4	16000	-3.2
6000	+4.5	16500	-4.0
6500	+5.9	17000	-4.9
7000	+7.5	17500	-5.7
7500	+9.4	18000	-6.5
7845	+10.9	18500	-7.4
8000	+10.7	19000	-8.3
8500	+9.9	19500	-9.2
9000	+9.0	20000	-10.2
9500	+8.0	20500	-11.2
10000	+7.1	**20910	-12.1
10500	+6.2	***22162	-12.9

图 8-11　油量指数栏

四、重心位置栏

重心位置栏反映飞机重量指数、飞机重量、重心位置之间的关系,如图 8-12 所示。

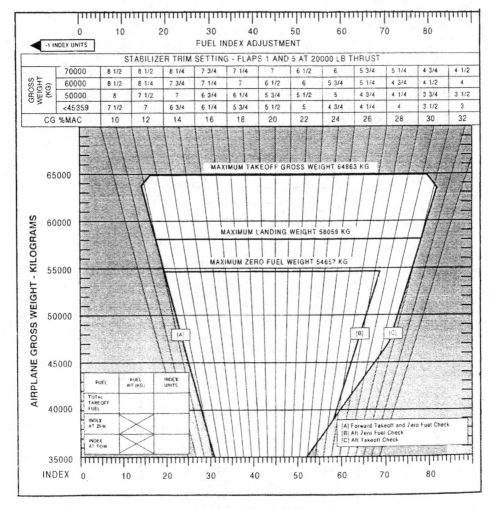

图 8-12　重心位置栏

其中：

① INDEX：重量指数。重心位置栏上下两端各有一条指数标尺。

② AIRPLANE GROSS WEIGHT：重量标尺。重心位置栏目左右两端各有一条重量标尺。

通过装载和重心移动栏得到的飞机无油重量的指数线与实际无油重量的重量横线相交于一点，就是飞机的无油重心位置所在。无油重量指数线再根据起飞油量指数进行移动，得到起飞重量指数线和实际起飞重量的重量横线相交于一点,就是飞机的起飞重心位置所在。

无油重心应位于 MZFW 水平线以下及图表区中梯形图左右框线之间;起飞重心应位于 MTOW 水平线以下及图表区中梯形图左右框线之间。图表区中梯形图左边的"竖线"表示飞机重心的前极限,右边的"竖线"表示飞机重心的后极限。

③ CG%MAC:平均空气动力弦百分比表示的飞机重心位置。在该区域有 1 条平均空气动力弦的标尺。标尺下面有很多斜线,每条斜线刻度(百分比值)代表相应斜线位置对应的平均空气动力弦上的位置。当找出无油重心、起飞重心交叉点时,根据交叉点位于哪两条斜线之间,便可估读出无油重心和起飞重心用平均空气动力弦百分比表示的值。

④ STABILIZER TRIM SETTING:飞机起飞时水平尾翼所需的配平值。

——FLAPS 1&5 为飞机的襟翼角度在 1°和 5°之间;

——FLAPS10.15&25 为飞机的襟翼角度为 10°、15°和 25°之间。

根据本飞机起飞时采用的襟翼角度以及起飞重心的交叉点位置,便可读出飞机起飞配平值。当确定了飞机的起飞重心位置后,飞行员根据配平值决定调整配平的度数,使飞机飞行时处于最理想的平衡状态下。有的机型在平衡图背面显示具体的配平值的变化情况图。

五、平衡情况栏

平衡情况栏填写飞机无油重心、起飞重心、起飞配平信息,这部分内容若已经在载重表的平衡状态及补充信息栏里填写了,那么这里可以有所省略,如图 8-13 所示。

其中:

① ZFW% MAC:平均空气动力弦百分数表示的无油重心。

② TOW% MAC:平均空气动力弦百分数表示的起飞重心。

③ STAB TRIM FOR T.O:飞机起飞配平值。

④ PREPARED BY：填表人签名。

⑤ APPROVED BY:签收人签名。通常由机长签名。

·TANKS 1 + 2 FULL		
··TANKS 1 + 2 + C/S FULL		
···TANKS 1 + 2 + C/S FULL AT MAX DENSITY		

STABILIZER TRIM ADJUSTMENT		
FLAP SETTING	TAKEOFF ENGINE THRUST	
	18000 LB	20000 LB
1 AND 5	+1/2	0
10, 15 AND 25	-1/4	-1/4
ZFW %MAC		
TOW %MAC		
STAB TRIM FOR T.O.		
Prepared By:		
Approved By:		

图 8-13　平衡情况栏

第四节 折线型载重平衡图填制

一、B737 飞机载重表与平衡图填制

【例1】 ××××年 6 月 6 日,B-2577 飞机(B737-700)执行 FM9215 航班上海到厦门(SHA-XMN)飞行任务。该机基本重量 39 648kg,指数 44,标准机组为 4/5,舱位布局 F8Y126,起飞油量 12 800kg,航段耗油 8300kg。最大起飞重量为 64 863kg,最大着陆重量为 58 059kg,最大无油重量为 54 657kg。航班上旅客 76/00/00,其中 F 舱 1 人、Y 舱 75 人,分布情况 FWD1 人、MID38 人、AFT37 人。行李 16 件 200kg,装在 3 舱。货物 30 件 1630kg,装在 1 舱 800kg、2 舱 830kg。邮件 300 件 2726kg,装在 2 舱 150kg、3 舱 1876kg、4 舱 700kg。本次航班额外增加 1 名机组,增加的机组按 80kg/人计。请根据以上情况,为该航班填写载重表和平衡图。

解:(步骤如下)

① 在 PRIORITY 栏内填写发报等级:QU。

② 在 ADDRESS(ES)栏内填写收电地址组:XMNTZFM。

③ 在 ORIGINATOR 栏内填写发电地址组:SHATZFM。

④ 在 FLIGHT 栏内填写航班号:FM9215。

⑤ 在 A/C REG 栏内填写飞机号:B-2577。

⑥ 在 VERSION 栏内填写标准座位布局:F8Y126。

⑦ 在 CREW 栏内填写标准机组:4/5。

⑧ 在 DATE 栏内填写执行本航班的日期:××.6.6。

⑨ 在 BASIC WEIGHT 栏内填写基重:39 648。

⑩ 在 CORRECTIONS 栏内对增加机组进行修正:+80kg,将修正后的基重 39 728 填写在 DRY OPERATING WEIGHT 栏内。

⑪ 根据起飞油量计算出 OPERATING WEIGHT:52 528。

⑫ 根据飞机三大全重数据,计算出飞机的三个最大起飞重量值:67 457、64 863、66 359,取其中最小的值参与后续计算。

⑬ 根据飞机最大起飞重量和操作重量,计算出最大业务载重量(ALLOWED TARFFIC LOAD) 12 335kg。

⑭ 在第四行 DEST 栏内填写到达站三字代码 XMN,将旅客人数填入相应栏

内,并将行李、货物、邮件的重量、件数及其分布情况填写在 TOTAL 栏、PIECE 栏和 DISTRIBUTION WEIGHT 栏内,并进行总量合计和各舱位载量合计。

⑮ 将旅客分布情况填写在 PASS 栏内,旅客总重量 5472kg 填入 PASSENGER WEIGHT 栏内。国内航班,每个成人旅客重量按 72kg 计算,儿童重量按 36kg 计算,婴儿重量按 10kg 计算。

⑯ 计算出实际业载(TOTAL TRAFFIC LOAD)10 028kg(行李 200kg+货物 1630kg+邮件 2726kg+旅客 5472kg),与最大业务载重量对比,计算出本航班缺载 2307kg,填写 UNDER LOAD 栏内,如此栏计算结果为负数,说明本航班已超载,应按超载处理。

⑰ 在载重图重量计算栏中,计算出该航班实际起飞重量 TAKE OFF WT 62 556kg、实际着陆重量 LANDING WT 54 256kg 和实际无油重量 ZERO FUEL WT 49 756kg,并与规定的最大起飞重量 64 863kg、最大着陆重量 58 089kg 和最大无油重量 54 657kg 作比较,检查是否超出限制。

⑱ 填写 D.O.I 44,由于增加 1 个机组,对基本重量影响甚微,因此,修正后的基本重量指数仍取 44。填写 D.O.W 39 728。

⑲ 填写各舱位装载量:客舱 FWD 1、MID38、AFT37,货舱 FWD CARGO 800、980,AFT CARGO 2076、700。

⑳ 以飞机修正后的基重指数 44 为起点,从平衡表的指数标尺上找到这一点,由此向下引一条垂直线与第一条装载项目横标相交,由此交点按横标上所指的箭头方向向左 0.5 格画一条横线(实际人数 1 除以单位格所示的人数单位 2 人:1/2=0.5),到达于一点。由此点再向下引垂直线与第二条装载项目横标相交,由此交点再按横坐标上所指的箭头方向向左 3.8 格再画一条横线(实际人数 38 人除以单位格所示的人数单位 10 人:38/10=3.8)……以此类推,最终得到无油重量指数线。

㉑ 将无油重量指数线与飞机的实际无油重量线 49 756kg 横交于一点,此交点就是飞机实际无油重量的重心位置。查出相应的重心%MAC 数值,填写在 ZERO FUEL WEIGHT %MAC 栏内:23.7。

㉒ 在油量表 FUEL INDEX TABLE 中查到起飞油量 12 800 最接近的油量 13 000,对应的指数值:+1.8。

㉓ 以实际无油重量指数线与飞机指数标尺相交的一点为起点,根据查阅的油量指数,向右画线 1.8 格(油量指数值为正,代表重心后移;油量指数值为负,代表重心前移。画线长度的格数为起飞燃油重量的指数),然后由此向下引垂线,落到飞机重心区域和该飞机的实际起飞重量线 62 556kg 相交,此点即为飞机实际起飞重量的重心位置,查出相应的重心%MAC 数值,填写在 TAKE-OFF

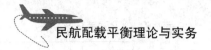

WEIGHT %MAC 栏内:23.4。

㉔ 从起飞重心位置,引一条最近的%MAC 标尺斜线的平行线;平行线向上相交于"GROSS WEIGHT 数据表",根据实际最大起飞重量所在的区间,读取线、表相交值范围,并代入公式(仅适用于 B737):(上限指数-下限指数)×实际起飞重量的后 4 位数/10000+下限指数,即可得出对应的配平指数 STAB SET 填写在 STAB TRIM FOR T.O.W 栏内或 TAKE-OFF TRIM SETTING 栏内:5.81=(6-5.75)× 0.2556+5.75。

㉕ 在 PREPARED BY 栏内签上载重平衡图制作者的姓名,整个载重平衡图制作完毕,如图 8-14 所示。

二、B767 飞机载重表与平衡图填制

【例2】 ××××年 7 月 5 日,由 B-2570 号飞机(B767-300)执行 CA9257 航班(PEK—CAN)飞行任务。该飞机基重为 86 855kg,指数为 55。最大起飞重量为 156 489kg,最大着陆重量为 136 077kg,最大无油重量为 126 098kg。航班旅客 134/06/01,其中 F 舱 4 人、Y 舱 137 人,分布情况:OA 区 4 人,OB 区 20 人,OC 区 117 人;行李 417kg,30 件,装在 5 舱;货物 14 930kg,863 件,分布情况 1 舱 2466kg、2 舱 5796kg、3 舱 4360kg、4 舱 2308kg;邮件 517kg,142 件,装在 3 舱。1 舱、2 舱货各用 2 块 PMC 板装,3 舱货用 2 个 DPE、3 个 DQF 装,4 舱货用 2 个 DQF 装。加油 18 000kg,耗油 8800kg。标准机组 4/11,本次航班额外增加 2 名客舱机组,增加的机组按 80kg/人计。客舱布局 F15Y243。根据以上情况,为本次航班填写载重表和平衡图。

解:(步骤如下)

① 在 PRIORITY 栏内填写发报等级:QU。

② 在 ADDRESS(ES)栏内填写收电地址组:CANTZCA。

③ 在 ORIGINATOR 栏内填写发电地址组:PEKTZCA。

④ 在 FLIGHT 栏内填写航班号:CA9257。

⑤ 在 A/C REG 栏内填写飞机号:B-2570。

⑥ 在 VERSION 栏内填写标准座位布局:F15Y243。

⑦ 在 CREW 栏内填写标准机组:4/11。

⑧ 在 DATE 栏内填写执行本航班的日期:××.7.5。

⑨ 在 BASIC WEIGHT 栏内填写基重:86 855。

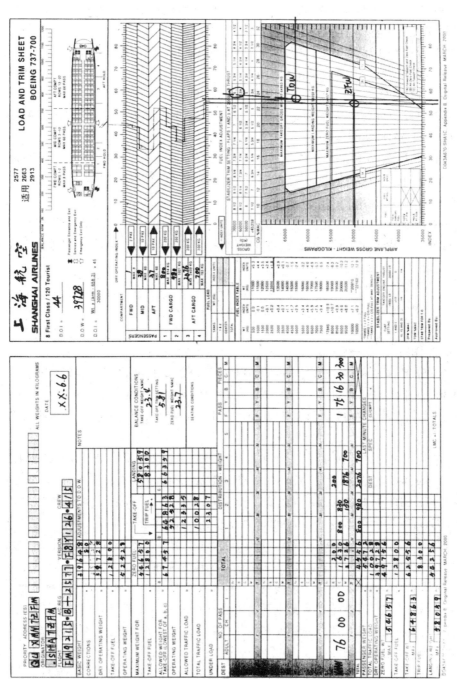

图8-14　B737-700载重表与平衡图填制示例

⑩ 在 CABIN CREW 栏内对增加的客舱机组进行修正,将修正后的基重 87 015 填写在 DRY OPERATION WEIGHT 栏内。

⑪ 根据起飞油量计算出 OPERATING WEIGHT:105 015。

⑫ 根据飞机三大全重数据,计算出飞机的三个最大起飞重量值:144 098、156 489、144 877,取其中最小的值参与后续计算。

⑬ 根据飞机最大起飞重量和操作重量,计算出最大业务载重量 ALLOWED TARFFIC LOAD 39 083kg。

⑭ 在第二行 DEST 栏内填写到达站 CAN 三字代码,将旅客人数填入相应栏内,并将座位分布情况填写在 PAX 栏内。将旅客总重量 9874 填入 TOTAL PASSENGER WEIGHT 栏内。

⑮ 将行李、货物、邮件的重量、件数及其分布情况填写在 TOTAL 栏、PCS 栏和 WEIGHT DISTRIBUTION 栏内,在 TR 栏内填写箱板重量,然后进行总量合计和各号舱位载量合计。

PMP 板每块 134kg　网套重 11.5kg

P1P 板每块 110kg　网套重 11.5kg

DQF 箱每只 118kg

DPE 箱每只 95 kg

⑯ 计算出实际业载 TOTAL TRAFFIC LOAD 27100kg(行李 417kg+货物 14 930kg+邮件 517kg+集装箱板 1362kg+旅客 9874kg),与最大业务载重量对比,计算出本航班的缺载 11 983kg,填写 UNDERLOAD 栏内,如果此栏计算结果为负数,说明本航班已超载,应按超载处理。

⑰ 在载重图重量计算栏中,计算出该航班实际起飞重量 TAKEOFF WEIGHT 132 115kg、实际着陆重量 LANDING WEIGHT 123 315kg 和实际无油重量 ZERO FUEL WEIGHT 114 115kg,并与规定的最大起飞重量 156 489kg、最大着陆重量 136 077kg 和最大无油重量 126 098kg 作比较,检查结果没有超出限制。

⑱ 以飞机修正后的基重指数 55 为起点,从平衡图的重心指数标尺上找到这一点,由此向下引一条垂直线与第一条装载项目横标相交,由此交点按横标上所指的箭头方向向左 0.8 格画一条横线(实际人数 4 除以单位格所示的人数单位 5 人:4/5＝0.8),到达一点。由此点再向下引垂直线与第二条装载项目横标相交,由此交点再按横坐标上所指的箭头方向向左 4 格再画一条横线(实际人数 20 人除以单位格所示的人数单位 5 人:20/54)……以此类推,最终得到无油重量指数线。

⑲ 将无油重量指数线与飞机的实际无油重量横线 114 115kg 交于一点,此交点就是飞机实际无油重量的重心位置。查出相应的重心%MAC 数值,填写在

BALANCE CONDITIONS %MAC 栏的 ZFW 内:20.8。

⑳ 在油量表 Takeoff Fuel 中查到起飞油量 18 000 介于油量 9201~22 400 之间,对应的指数值:-4。

㉑ 以实际无油重量指数线与飞机重心指数标尺相交的一点为起点,根据起飞油量查阅油量指数表所确定的油量指数,向左画线 4 格,然后由此向下引垂线,落到飞机重心区域和该飞机的实际起飞重量线 132 115kg 相交,此点即为飞机实际起飞重量的重心位置,查出相应的重心%MAC 数值,填写在 BALANCE CONDITIONS %MAC 栏的 TOW 内:20.2。

㉒ 根据起飞重量重心位置,引一条基于 TOW 点相近的%MAC 标尺线的平行线;平行线向上相交于"TAKEOFF WT."数据表,根据实际最大起飞重量所在的区间,读取线、表相交值 4.5,即为对应的配平指数,填写在 SI 位置上。

㉓ 在 PREPARED BY 栏内签上载重平衡图制作者的姓名,整个载重平衡图制作完毕,见图 8-15 所示。

三、CRJ 飞机载重表与平衡图填制

【例3】 ××××年 6 月 5 日,由 B-3075 号飞机(CRJ-200LR)执行 FM9257 航班(SHA—TAO)飞行任务。该飞机基重为 14 942kg,指数 42。最大起飞重量为 24 041kg,最大着陆重量 21 319kg,最大无油重量 19 958kg。航班旅客37/02/00,分布情况:OA 区 9 人,OB 区 9 人,OC 区 12 人,OD 区 9 人;行李 149kg,15 件;邮件 40kg,2 件;货物 160kg,4 件,行李、邮件和货物全部装在货舱。CRJ-200LR 标准机组 3/2,本次航班额外增加 2 名机组(座位安排在 1A、13C),增加的机组按80kg/人计。携带压舱沙袋 300kg。加油 3800kg,耗油 1780kg。根据以上情况,为本次航班填写载重表与平衡图。

解:(步骤如下)

① 在 PREFIX 栏内填写发报等级:QU。

② 在 ADDRESSES 栏内填写收电地址组:TAOTZFM。

③ 在 ORIGINATOR 栏内填写发电地址组:SHATZFM。

④ 在 FLIGHT 栏内填写航班号:FM9257。

⑤ 在 A/C REG 栏内填写飞机号:B-3075。

⑥ 在 CREW 栏内填写标准机组:3/2。

⑦ 在 DATE 栏内填写执行本航班的日期:××.6.5。

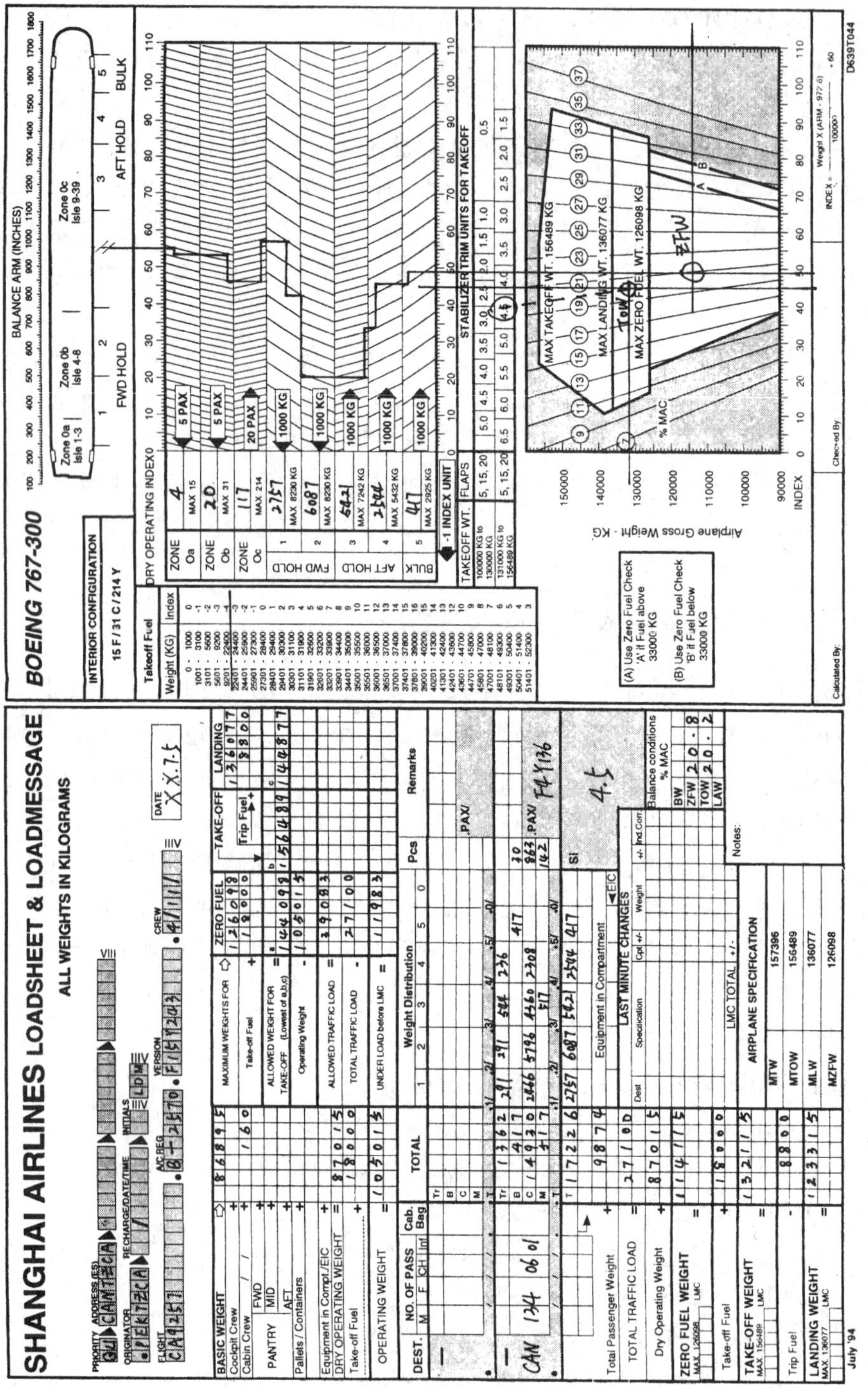

图8-15 B767-300载重表与平衡图填制示例

⑧ 在 DRY OPERATING WEIGHT 栏内填写修正后的基重:14 942,注意:额外增加的机组重量不在此体现。

⑨ 根据起飞油量计算出操作重量 OPERATING WEIGHT:18 742。

⑩ 根据飞机三大全重数据,计算出飞机的三个最大起飞重量值:23 758、24 041、23 099,取其中最小的值参与后续计算。

⑪ 根据飞机最大起飞重量和操作重量,计算出最大业务载重量 TOTAL TRAFFIC LOAD 4357kg。

⑫ 在第一行 DEST 栏内填写 2(公务乘机),在 TR 栏内注上 160(每人 80kg,2 人共 160kg)。

⑬ 在第二行 DEST 栏内填写到达站三字代码 TAO,并将旅客人数填入相应栏内。如有经停航班,将经停站三字代码填入相应的 DEST 栏内。在 TR 栏内填上 300(压舱沙袋)。将行李、货物、邮件的重量、件数及其分布情况填写在 TOTAL 栏、REMARKS 栏和 DISTRIBUTION WEIGHT 栏内,并进行总量合计和各号舱位载量合计。

⑭ 将旅客总重量 2736kg 填入 PASSENGER WEIGHT 栏内。

⑮ 计算出实际业载 TOTAL TRAFFIC LOAD 3545kg(公务乘机 160kg+压舱沙袋 300kg+行李 149kg+货物 160kg+邮件 40kg+旅客 2736kg),与最大业务载重量对比,计算出本航班的缺载 812kg,填写 UNDERLOAD 栏内,如果此栏计算结果为负数,说明本航班已超载,应按超载处理。

⑯ 在载重图重量计算栏中,计算出该航班实际起飞重量 TAKE OFF WT 22 287kg、实际着陆重量 LANDING WT 20 507kg 和实际无油重量 ZERO FUEL WT 18 487kg,并与规定的最大起飞重量 24 040kg、最大着陆重量 21 319kg 和最大无油重量 19 958kg 作比较,检查结果没有超出限制。

⑰ 根据旅客在各座位区域分布情况 OA 区 10 人(含 1 名额外增加机组)、OB 区 9 人、OC 区 12 人、OD 区 10 人(含 1 名额外增加机组),填写在平衡图相应舱位内;将压舱沙袋、货物、行李、邮件重量共 649kg 填写在货舱内。

⑱ 以飞机修正后的基重指数 42 为起点,从平衡表的重心指数标尺上找到这一点,由此向下引一条垂直线至第一条装载项目栏横标中段,由此点按横标上所指的箭头方向向右 6.49 格画一条横线(实际装载量 649kg 除以单位格所示的重量单位 100kg:649/100=6.49),到达一点。由此点再向下引垂直线至第二条横坐标栏中段,由此点按横坐标上所指的箭头方向向左 10 格再画一条横线(实际人数 10 人除以单位格所示的人数单位 1 人:10/1=10)……以此类推,最终得到无油重量指数线。

⑲ 将无油重量指数线与飞机的实际无油重量线 18 487kg 横交于一点,此交点就是飞机实际无油重量的重心位置。查出相应的重心%MAC 数值,填写在 MAC AT ZFW 栏内:17.1%。

⑳ 以实际无油重量的重心指数线与油量指数标尺相交的一点为起点,根据起飞油量 3800kg 查阅油量指数标尺栏,以起飞油量 3800kg 除以单位格所示油量单位 500kg 确定油量指数 7.6(3800/500＝7.6),向左画一条横线 7.6 格,并由此向下引垂线,落到飞机重心区域和该飞机的实际起飞重量线 22 287kg 相交,此点即为飞机实际起飞重量的重心位置,查出相应的重心%MAC 数值,填写在 MAC AT TOW 栏内:16.3%。

㉑ 根据实际起飞重量重心位置,引一条基于 TOW 点相近的%MAC 标尺线的平行线;平行线向上与 TRIM UNITS FOR TAKEOFF 刻度尺相交于一点,读取线、表相交值,即可得出对应的配平指数 STAB SET 填写在 TRIM FOR T.O 栏内:6.96。

㉒ 在 PREPARED BY 栏内签上载重平衡图制作者的姓名,整个载重平衡图制作完毕,如图 8-16 所示。

第五节 指数型平衡图介绍

指数型平衡图是直接通过指数的加减运算得出无油重量指数和起飞重量指数。下面以 B747-400COM 的载重平衡图(见图 8-17)为例介绍指数型平衡图。

一、基本信息栏

基本信息栏反映航班的基本信息。见图 8-18 所示,图中飞机舱位布局显示,该飞机客舱分为两大部分,即上舱(U/C)和主客舱(OA、OB、OC 和 OD);货舱分为三大货舱,即前下货舱(CPT1、2)、后下货舱(CPT3、4P、5R、5S)和主货舱(P、R、S、T),这里后下货舱的 CPT5R 和 CPT5S 是散货舱。

其中:

① FLIGHT:航班号;

② A/C REG:飞机号;

③ DATE:日期。

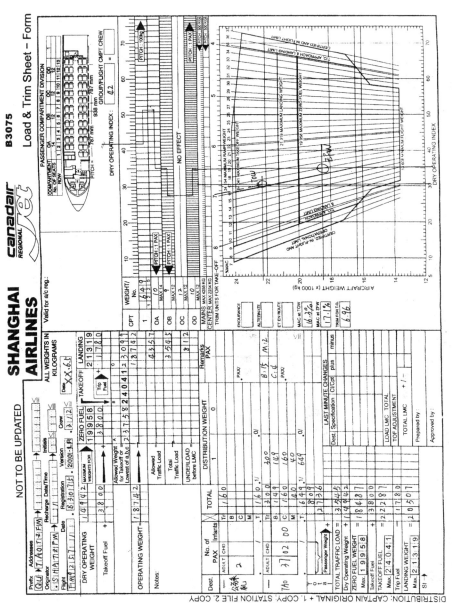

图8-16 CRJ载重表与平衡图填制示例

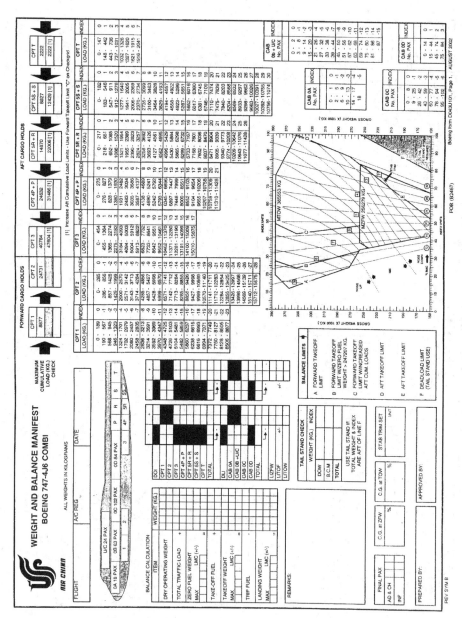

图8-17 B747-400COM载重平衡图

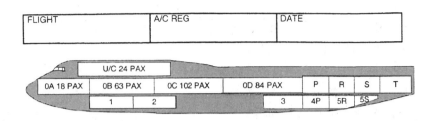

图 8-18　基本信息栏

二、实际重量计算栏

这是 B747-400COM 载重平衡图的载重表内容,如图 8-19 所示。

其中:

(1)DRY OPERATING WEIGHT:修正的基本重量。

(2)TOTAL TRAFFIC LOAD:实际业载重量。

(3)ZERO FUEL WEIGHT:实际无油重量。

① "LMC"表示最后修正的重量,如增加重量,则在"+"上画圈;如减少重量,则在"-"上画圈。

② "MAX"下面小格填写飞机的最大无油重量,便于检查实际无油重量是否超过最大无油重量。

(4)TAKEOFF FUEL:飞机的起飞油量。

(5)TAKEOFF WEIGHT:实际起飞重量。

(6)TRIP FUEL:航段耗油量。

(7)LANDING WEIGHT:实际着陆重量。

BALANCE CALCULATION

ITEM			WEIGHT (KG.)	
DRY OPERATING WEIGHT				
TOTAL TRAFFIC LOAD		+		
ZERO FUEL WEIGHT				
MAX		LMC (+/-)		
		=		
TAKE-OFF FUEL		+		
TAKEOFF WEIGHT				
MAX		LMC (+/-)		
		=		
TRIP FUEL		-		
LANDING WEIGHT				
MAX		LMC (+/-)		
		=		

图 8-19　实际重量计算栏

三、货舱业载及指数情况栏

货舱业载及指数情况栏填写飞机各分货舱装载重量,并可从对应的指数表中读出相应装载重量的指数,如图 8-20 所示。

其中：

① FORWARD CARGO HOLDS：前货舱；

② AFT CARGO HOLDS：后货舱；

③ CPT1、CPT2……CPT T：指代各分货舱；

④ LOAD(kg)：各分货舱载运量；

⑤ INDEX：各分货舱载量的指数。

把各分货舱的实际装载量填入到"LOAD(kg)"中，再从相应的指数表中查出对应的指数，填入"INDEX"中。

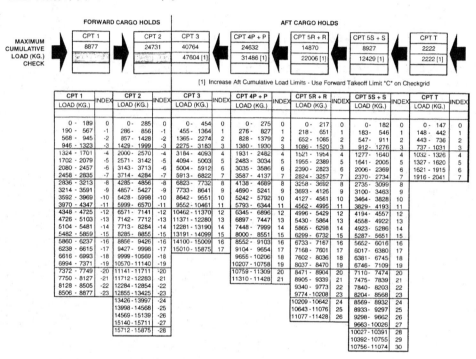

图 8-20　货舱业载及指数情况栏

四、客舱业载及指数情况栏

客舱业载及指数情况栏填写飞机客舱各区装载旅客情况，并可从对应的指数表中读出相应装载重量的指数，如图 8-21 所示。

CAB 0b + U/C No. PAX	INDEX
0 - 2	0
3 - 8	-1
9 - 14	-2
15 - 20	-3
21 - 26	-4
27 - 32	-5
33 - 38	-6
39 - 44	-7
45 - 50	-8
51 - 56	-9
57 - 62	-10
63 - 68	-11
69 - 74	-12
75 - 80	-13
81 - 86	-14
- 87	-15

CAB 0A No. PAX	INDEX
0 - 1	0
2 - 5	-1
6 - 9	-2
10 - 13	-3
14 - 17	-4
18	-5

CAB 0C No. PAX	INDEX
0 - 8	0
9 - 25	-1
26 - 42	-2
43 - 59	-3
60 - 77	-4
78 - 94	-5
95 -102	-6

CAB 0D No. PAX	INDEX
0 - 14	0
15 - 44	1
45 - 74	2
75 - 84	3

图 8-21 客舱业载及指数情况栏

其中：

① CAB：客舱；

② OA、OB、OC、OD、U/C：指代客舱各个分区；

③ NO. PAX：客舱各区旅客人数；

④ INDEX：客舱各区旅客的重量指数。

把客舱各区的实际旅客人数填入到"CAB"中，再从相应的指数表中查出对应的指数，填入"INDEX"中。

五、油量指数栏

油量指数栏在 B747 飞机载重平衡图的背面，如图 8-22 所示。

波音 747-400 COM 型飞机有主油箱 M1、M2、M3、M4，副油箱 R2、R3 和 1 个中央油箱 CENTER TANK。飞机的油量指数可以直接从油量指数栏中查得。

WEIGHT (KG.)	INDEX UNIT	WEIGHT (KG.)	INDEX UNIT	WEIGHT (KG.)	INDEX UNIT
20000	-2	70000	1	120000	-9
22000	-2	72000	4	122000	-11
24000	-2	74800	7	124000	-12
26000	-2	76000	7	126000	-13
28000	-2	78000	7	128000	-15
30000	-2	80000	6	130000	-16
32000	-2	82000	6	132000	-18
34000	-2	84000	5	134000	-19
36000	-2	86000	4	136000	-21
38000	-1	88000	4	138000	-22
40000	-1	90000	3	140000	-24
42000	-1	92000	2	142000	-25
44000	-1	94000	2	144000	-27
46000	0	96000	2	146000	-28
48000	0	98000	1	148000	-30
50000	0	100000	0	150000	-31
52000	1	102000	0	152000	-32
54000	1	104000	-1	154000	-34
56000	1	106000	-1	156000	-35
58000	0	108000	-2	158000	-37
60000	-1	110000	-2	160000	-39
62000	-2	112000	-3	162000	-41
64000	-3	114000	-5	164000	-42
66000	-3	116000	-6	166000	-43
68000	-2	118000	-8	169233	-43

TANKS

M   MAIN TANK
R   RESERVE TANK

图 8-22　油量指数栏

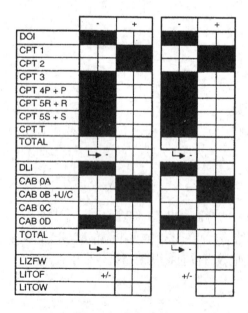

图 8-23　指数计算栏

六、指数计算栏

指数计算栏汇总货舱业载指数、客舱业载指数、油量指数、修正后基本重量指数，从而得到无油重量指数和起飞重量指数，如图 8-23 所示。

其中：

① "+"和"−"表示正指数填写列和负指数填写列。指数可能为正，也可能为负。当指数取正值时，说明飞机的重心向后移动；当指数取负值时，说明飞机的重心向前移动。

② DOI：为修正后的基重指数。因为基重指数肯定为正值，因此把"−"列的相应位置涂黑，避免填错

位置。

③ CPT1、CPT2……CPT5S+S:填写查得的各分货舱指数。

④ TOTAL:将"−"列各行数字相加,"+"列各行数字相加。

⑤ DLI:即 DEAD LOAD INDEX,无客无油时的指数。DEAD LOAD 是固定负载,也称死重量,指飞机运载货物、邮件、行李、压舱和集装设备等的重量总和,通常指除旅客重量外的业务载重量。

⑥ CAB OA、CAB OB+U/C……CAB OD:填写查得的客舱各区指数。

⑦ LIZFW:无油重量指数。

⑧ LITOF:根据起飞油量表查得的起飞油量指数。

⑨ LITOW:起飞重量指数。

七、重心位置栏

重心位置栏反映飞机重量指数、飞机重量、重心位置之间的关系,是根据无油重量指数及无油重量、起飞重量指数及起飞重量,获得飞机无油重心、起飞重心和起飞配平值,方法原理与折线型平衡图一致,如图 8-24 所示。

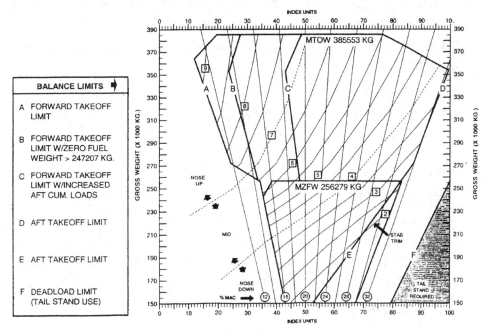

图 8-24　重心位置栏

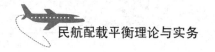
其中：

（1）指数标尺。位于图的上下两端。根据"指数计算栏"计算得出的无油重量指数和起飞重量指数可以在上下两个指数标尺上找出，画出两条垂线。

（2）重量标尺。位于图的左右两侧。根据"实际重量计算栏"计算得出的实际无油重量和实际起飞重量可以在左右两个重量标尺上找出，画出两条水平直线。

代表无油重量指数的垂线和代表无油重量的水平线的交叉点即表示飞机的无油重心位置；同样，带有起飞重量指数的垂线和代表起飞重量的水平线的交叉点即表示飞机的起飞重心位置。无油重心应位于 MZFW 水平线以下及左右框线之间；起飞重心应位于 MTOW 水平线之下及左右框线之间。

（3）%MAC：是以平均空气动力弦百分比表示的飞机重心位置。重心位置表中有很多斜线，每条斜线都代表一个百分比值。当找出无油重心和起飞重心交叉点时，根据重心交叉点位于哪两条斜线之间，即可估读出无油重心和起飞重心用平均空气动力弦百分比表示的位置。

（4）STAB TRIM：配平。在重心位置表里有些斜线上有方格表示的数字，这是飞机的配平值。根据飞机起飞重心交叉点位于哪两条有方格数字的斜线之间，即可估读出飞机的起飞配平值。

重心位置表中，还有 A、B、C、D、E、F 共 6 条重心位置限制线，在表的左侧附有适用说明，中文含义为：

① A：起飞前限；

② B：无油重量超过 247 207kg 时的起飞前限；

③ C：飞机后部累积载量较大时的起飞前限；

④ D：起飞后限；

⑤ E：起飞后限；

⑥ F：死重限制线。

在重心位置表中，配平斜线 4 和 7 将重心允许范围分成 3 个区域，这 3 个区域分别表示飞机头重（NOSE UP）、适中（MID）、头轻（NOSE DOWN），说明飞机的起飞重心靠前、合适、靠后。飞行员在进行飞行准备工作中，根据起飞重心所处位置，调整有关仪表，以使飞机的俯仰平衡在飞行中能够处于良好的平衡状态。

八、平衡情况栏

如图 8-25 所示。

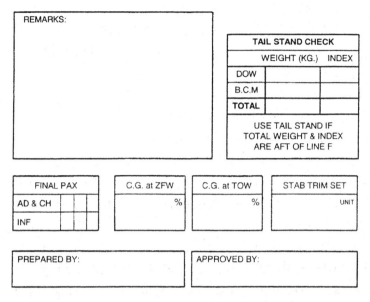

图 8-25　平衡情况栏

其中：

① FINAL PAX：总的旅客人数；AD&CH：成人和儿童总人数；INF：婴儿人数。

② C. G. at ZFW：无油重心。

③ C. G. at TOW：起飞重心。

④ REMARKS：备注栏，通常填写一些提示机长或供其参考的事项。

⑤ PREPARED BY：填表人签名；APPROVED BY：签收人签名。通常由机长签名。

第六节　指数型载重平衡图填制

【例4】　××××年 8 月 12 日，由 B-2533 号飞机（B747-400）执行 CA958 航班任务。该飞机基重为 180 673kg，指数为 57。最大起飞重量为 385 553kg，最大着陆重量为 285 763kg，最大无油重量为 256 279kg。航班上有旅客 218 人，均为成人，分布情况：OA 区 18 人，OB 区 63 人，OC 区 80 人，OD 区 50 人，U/C 区 7 人；行李含集装设备 2000kg，装在 1 舱；货物含集装设备 40 806kg，分布情况 1 舱

5000kg、2 舱 9560kg、3 舱 8900kg、4 舱 7146kg、P 舱 2000kg、R 舱 2500kg、S 舱 4500kg、T 舱 1200kg;邮件 3500kg 装在散货舱,5R 舱 1000kg,5S 舱 2500kg。加油 90 000kg,耗油 70 000kg。标准机组 6/13。客舱布局 F18C36Y243。根据以上情况,为本次航班填写平衡图。

解:(步骤如下)

① 在 FLIGHT 栏内填写航班号:CA958。

② 在 A/C REG 栏内填写飞机号:B-2533。

③ 在 DATE 栏内填写执行本航班的日期:2008.8.12。

④ 在 DRY OPERATION WEIGHT 栏内填写修正后的基重 180 673kg。

⑤ 计算出飞机的实际业载 62002(218×72+2000+40806+3500),填写在 TOTAL TRAFFIC LOAD 栏内。

⑥ 计算出飞机的实际无油重量 242 675kg、实际起飞重量 332 675kg、实际着陆重量 262 675kg,填在对应的栏内,并与规定的最大无油重量 256 279kg、最大起飞重量 385 553kg 和最大着陆重量 285 763kg 作比较,检查结果没有超出限制。

⑦ 将各子货舱的载量填写在对应 CPT 栏内,并查出对应的指数;将客舱各区旅客人数填写在对应的 CAB 栏内,并查出对应的指数。

⑧ 飞机起飞加油 90 000,查得油量指数为 3,油量指数表见图 8-22。

⑨ 根据飞机基重指数、客货载量指数、油量指数,得出飞机无油重心指数 59、起飞重心指数 62。

⑩ 在飞机重心指数标尺上,找到重心指数 59 和 62 作垂线。在飞机重量标尺上找出 242 675、332 675 作水平线分别与垂线相交。交点即为飞机的无油重心和起飞重心。

⑪ 根据无油重心和起飞重心在%MAC 斜线间的位置,估计出以平均空气动力弦表示的无油重心为 23.2、起飞重心为 23.0、起飞配平为 5.8。

⑫ 在 FINAL PAX 的 AD&CH 栏填写 218,在 INF 栏填写 0;在 PREPARED BY 栏内签上制作载重平衡图人的姓名。

整个载重平衡图制作完毕,如图 8-26 所示。

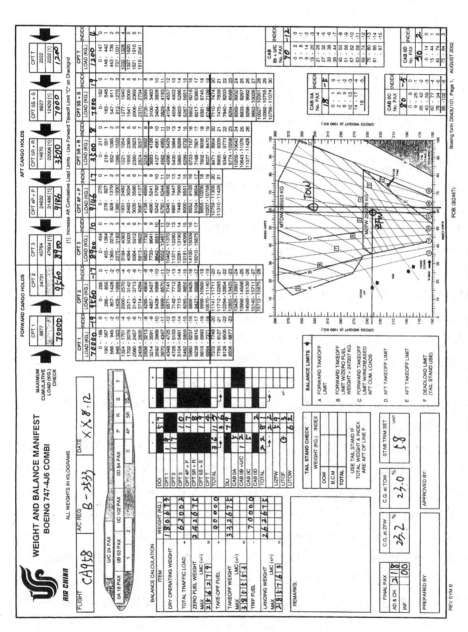

图8-26 B747-400COMBI载重平衡图填制示例

习题与思考

1. 平衡图求算飞机重心的原理是什么?

2. 折线型平衡图和指数型平衡图有什么区别?

3. 窄体机载重平衡图和宽体机载重平衡图填制上有什么不同?

4. 当飞机重心偏离安全范围时,应如何处理?

5. ××××年 9 月 25 日,由 B-2153 号飞机(B737-800)执行 FM6512 航班(PVG—HRB)飞行任务。该飞机基重为 43 320kg,指数为 44.0。最大起飞重量为 79 015kg,最大着陆重量为 65 317kg,最大无油重量为 61 688kg。飞机客舱布局 F8Y156。航班旅客 127/02/00,其中 F 舱 4 人、Y 舱 125 人,分布情况:FWD4 人,MID60 人,AFT65 人;行李 1875kg,185 件,装在 2 舱;货物 2000kg,260 件,装在 3 舱;邮件 125kg,15 件,装在 1 舱。B737-800 标准机组为 4/6。加油 13 200kg,耗油 7500kg。根据以上情况,为本次航班填写载重表和平衡图。

6. ××××年 3 月 26 日,由 B-2054 号飞机(CRJ-200LR)执行 CA1523 航班(XMN-FOC)飞行任务。该飞机基重为 13 120kg,指数 45。最大起飞重量为 24 041kg,最大着陆重量 21 319kg,最大无油重量 19 958kg。航班旅客 35/00/00,分布情况:OA 区 9 人,OB 区 9 人,OC 区 12 人,OD 区 5 人;行李 120kg,15 件;邮件 40kg,2 件;货物 100kg,4 件,行李、邮件和货物全部装在货舱。CRJ-200LR 标准机组 3/2,本次航班额外增加 2 名机组(座位安排在 1A、11C),增加的机组按 80kg/人计。携带压舱沙袋 300kg。加油 4800kg,耗油 2000kg。根据以上情况,为本次航班填写载重表和平衡图。

7. ××××年 11 月 5 日,由 B-2563 号飞机(B767-300)执行 FM9311 航班(SHA—CAN)飞行任务。该飞机基重为 88 725kg,指数为 55。最大起飞重量为 156 489kg,最大着陆重量为 136 077kg,最大无油重量为 126 098kg。航班旅客 155/00/00,其中 F 舱 3 人、Y 舱 152 人,分布情况:OA 区 3 人,OB 区 22 人,OC 区 130 人;行李 449kg,36 件,装在 4 舱;货物 14 865kg,543 件,分布情况 1 舱 2728kg、2 舱 4533kg、3 舱 4458kg、4 舱 3146kg;无邮件。加油 19 000kg,耗油 9100kg。标准机组 4/11。客舱布局 F15Y243。集装设备重量 1 舱 291kg、2 舱 382kg、3 舱 472kg、4 舱 354kg。根据以上情况,为本次航班填写载重表和平衡图。

8. ××××年 11 月 17 日,由 B-2226 号飞机(B747-400COM)执行 CA9451 航班任务。该飞机基重为 179 500kg,指数为 54。最大起飞重量为 385 553kg,最大着陆重量为 285 763kg,最大无油重量为 256 279kg。航班旅客 240/00/00,分布

情况:OA 区 10 人,OB 区 48 人,OC 区 100 人,OD 区 72 人,U/C 区 10 人;行李含集装设备 2300kg,装在 1 舱;货物含集装设备 42 000kg,分布情况 1 舱 5000kg、2 舱 9000kg、3 舱 9000kg、4 舱 8000kg、P 舱 2000kg、R 舱 4450kg、S 舱 3500kg、T 舱 1050kg;邮件 500kg 装在散货舱 5R 舱。加油 95 000kg,耗油 73 000kg。标准机组 6/13。客舱布局 F18C36Y243。根据以上情况,为本次航班填写平衡图。

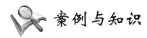 **案例与知识**

配载平衡——失之毫厘,谬以千里

澳洲航空因误把 87 名小学生体重计算为成人体重重量,导致航班将旅客体重隐载近 3.5 吨,直接导致此架波音 737 客机在起飞时出现了机头过重的险情,因机组临时处置得当才得以避免事故。

配载需要合理控制航空器的业载重量,通过旅客、货物、邮件、行李的舱位装载调整航空器重心位置,从而使航空器重心处于安全范围之内,并要求数据绝对的准确。配载在制作舱单时要对航班号、飞机号、人数、行李件数、重量等一项项基本数据逐一进行核对,缺一不可。舱单上每一项数值是否在规定范围之内都会直接影响机组的操纵难度,飞机一旦在空中平衡失控,就有可能造成机毁人亡的重大事故。

为了严把配载关口,配载工作需要进行双复核,即责任配载员根据航班截止数据制作舱单核对后,交由检查员再次核对。工作实践中表明双复核确实能发挥及时纠错的作用。责任配载员在送机时要核对飞机机号与舱单机号是否一致,而后才能将舱单交给机组,通过再次复核降低差错率。如果飞机号与舱单不一致,机长使用不符的数据操作又会造成一系列不可估算的影响。

配载的工作如履薄冰、如临深渊,不能有一丝一毫的麻痹大意。配载需要反复核对基本的数据,降低人为因素造成的风险。

资料来源:张蕊.配载平衡——失之毫厘,谬以千里.民航资源网,2017-02-18.

第九章　业务电报

学习要点

- 电报的基本组成
- 载重电报的拍发
- 集装箱板分布报的拍发

民航地面业务信息传递通常采用电报的方式来实现。业务电报的种类很多,本章将介绍与配载平衡工作关系密切的一些电报。

第一节　电报的组成和规定

一、电报的组成

(一) 报头

主要包括起动信号、电报开始信号、电路识别、电报流水号、补充资料、间隔信号等。在此不作详细介绍。

(二) 电报的等级代号

发电单位必须在收电单位地址前填写一个适当的等级代号,表示电报的紧急程度。电报分为 5 个等级,每个等级都有各自的代码,具体如下。

1. 一级报

特急公务报,代号 SS、QS。用于涉及生命安全的电报、涉及航空器事故的电报。

2. 二级报

代号 QC。是通信人员用作澄清特殊情况的特急公务电报,主要是为保护系统性能的安全。

3. 三级报

为急报、快报,代号为 QU、QX。可由发电单位决定,用于任何电报。

4. 四级报

没有等级代号。

5. 五级报

代号为 QD、QK。普通电报。线路中有更高级电报需要拍发时,五级报最后拍发,但不得迟于次日上午将电报投递给收电人。

拍发电报要使用国际航空通信协会(SITA)线路。一般来说,电报级别越高,优先拍发权越大,费用也越高,因此拍发电报时应根据具体情况,选择适当的电报等级。航空公司地面业务通常使用三级报。

(三)收电单位地址

收电单位地址由 7 位字母组成,例如:收电单位地址为上海东方航空公司虹桥机场国内值机部门,则表示为 SHATZMU。

1. 收电单位地址的前 3 位

该位置为该收电单位所在城市或机场的三字代码。当某一城市和它的机场有不同的三字代码时,如发往其中一处,必须使用相应的代码,不可以混淆使用。

城市和机场的三字代码可以从有关资料中查出。表 9-1 给出了部分常见的城市的三字代码。大部分机场的三字代码和城市的三字代码相同,表 9-2 给出了部分不使用城市代码的机场的三字代码。

表 9-1　常见城市的三字代码

城市	代码	城市	代码	城市	代码
北京	BJS	沈阳	SHE	呼和浩特	HET
广州	CAN	长春	CGQ	拉萨	LXA
上海	SHA	济南	TNA	乌鲁木齐	URC
重庆	CKG	石家庄	SJW	西安	SIA
天津	TSN	长沙	CSX	海口	HAK
深圳	SZX	成都	CTU	汕头	SWA
杭州	HGH	太原	TYN	银川	INC
昆明	KMG	兰州	LHW	三亚	SYX
青岛	TAO	南昌	KHN	合肥	HFE
厦门	XMN	福州	FOC	郑州	CGO
大连	DLC	武汉	WUH	哈尔滨	HRB
桂林	KWL	贵阳	KWE	秦皇岛	SHP
台北	TPE	芝加哥	CHI	法兰克福	FRA
香港	HKG	纽约	NYC	首尔	SEL

续表

城市	代码	城市	代码	城市	代码
大阪	OSA	巴黎	PAR	莫斯科	MOW
名古屋	NGO	悉尼	SYD	曼谷	BKK
东京	TYO	伦敦	LON	罗马	ROM

表 9-2　不使用城市代码的机场的三字代码

机场	代码	机场	代码	机场	代码
北京首都	PEK	东京成田	NRT	纽约肯尼迪	JFK
西安咸阳	XIY	东京羽田	HND	伦敦希思罗	LHR
上海浦东	PVG	芝加哥奥黑尔	ORD	巴黎戴高乐	CDG

2. 收电单位地址的第 4、第 5 位

该位置为收电单位的部门代号。国际航空通信协会规定了各部门的二字代码,以方便使用。表 9-3 给出了常用的部门二字代号,当不知道收电单位的部门代号时,则可以用 XY 代替。

表 9-3　常用的部门二字代码

部门名称	代码	部门名称	代码
国际值机驻外办事处机场办公室	AP	机场国内配载	KN
公司驻外办事处	DD	离港自动控制中心	KM
机场国际货运部门	FI	国内乘机手续及机场中转售票	KP
机场国内货运部门	FD	机场国内行李查询	LN
市区国际货运部门	FS	机场国际行李查询	LL
市区国内货运部门	FT	国际航班订座控制	RC
货运部门驻外办事处货运负责人	FF	团体订座	RG
配餐部门	HH	自动化订座中心	RM
机场国内旅客服务部门	KD	国内值机	TZ
机场国际旅客服务部门	KE	客舱服务部门/机上供应品处	US
机场国际配载	KL	要客服务部门	VP

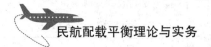
3. 收电单位地址的第6、第7位

该位置为收电单位所属航空公司的二字代码。如果某航空公司尚未获得航空公司二字代码,则可以用 YY 代替。

实际拍发电报时,需参照生产单位电报手册有关规定,决定该电报的收电单位。每份电报的收电地址不能超过 32 个字母,超过规定数目时应将其分为几份电报(内容相同但收电地址不同的电报)分别发出。

(四)发电单位地址

发电单位地址的组成与收电单位地址的组成方式相同,也是由 7 位字母组成。发电单位地址前应加一黑点,表示发电地址开始信号,也表示收电地址结束。

发电单位部门必须填写自己的发电地址以及日时组,日时组由 6 位数字组成,前 2 位为发电日期,中间 2 位为小时,后 2 位为分钟。例如:111220 表示 11 日 12 时 20 分拍发的。拍发国际电报使用的时间是格林尼治时间,拍发国内电报则应使用北京时间。

(五)电文正文

电报主体是正文部分。

① 电文每行不超过 69 个字符。

② 电报的总长度不能超过 2000 个字符,超过时,电文一定要分为几个部分,每个部分也不能超过规定字符数,而且必须有相同的收电地址和发电地址,每部分的次序应列在电文的结尾。例如:

第一部分结尾　　PART Ⅰ CONTINUED

第二部分结尾　　PART Ⅱ CONTINUED

……

最后部分结尾　　PART END

③ 当需要重复一份已经发送的电报时,可在电文第一行加注"PDM"简字,以便于识别。

④ 当一份已经发出的电报内容有错误需要更正时,可用更正电报更正,一般用 COR 字样表示。在电文的某行末回车换行之前发现错误,应在其后打 3 个圆点,然后另起一行,重发并改正全行。

⑤ 如在电报结尾之前,要复述电文里的重要内容,应在复述内容的前面冠以 COL。

（六）报尾

报尾包括以下内容：

① 电报结束信号；

② 电报与电报之间分隔信号；

③ 下份电报的开始信号。

二、电报中常用的简语

在配载平衡相关的业务电报中，经常可以看到一些代码缩写，这些代码主要提示操作人员采取相应的操作策略。常见的代码缩写如表9-4和表9-5所示。

表9-4　常用的货运操作代码

简语	中文	简语	中文
AOG	航材	OBX	发出强烈异味物品
AVI	活体动物	OHG	装载在倒悬位置的物品
BAL	压舱物	PEA	毛皮制品
BED	安装在客舱的担架	PEF	鲜花
BEH	装在货舱的担架	PEM	肉类
BIG	超长大件物品	PEP	食品和蔬菜
CAO	只限货机的危险品	PER	除去有商品代号的所有易腐性物品
CAT	货机押运员	PES	食用海产品和鱼类
COM	公务邮件	RCL	超低温液体
CSU	非机上所用餐食设备和食品	RCM	腐蚀性物品
EAT	除去有商品代号的肉类/鱼类/海产品	RCX	1.3c易爆物品
EIC	货舱设备	REX	一般禁运物品
ELD	额外装载设备	RFG	易燃气体
FIL	未冲洗胶卷	RFL	易燃液体
FKT	飞行备件箱	RFS	易燃固体
HEA	单件超过150kg的重货	RFW	遇湿自燃物品

简语	中文	简语	中文
HEG	种蛋	RGX	1.3k 易爆物品
HUM	尸体	RIS	传染性物品
ICE	干冰	RMD	杂项危险品
LHO	活器官/血浆	ROP	有机过氧化物
MAG	磁性物质	RNG	非易燃无毒气体

表 9-5　常用的客运操作代码

简语	中文	简语	中文
A/C	飞机	MCO	杂费证
AGT	代理人	MEDA	病人、病号
B	行李	MOML	穆斯林餐食
BBML	婴儿食物	MOS	占座的与该航班有关的民航员工
BLKD	锁定座位	NOOP	无航班
BLND	盲人旅客	NOSH	误机
BSCT	婴儿卧篮	NSML	清淡食物
CAT	餐车	NSST	无烟座位
CBBG	手提行李	ORML	东方餐食品
CHD	儿童	OW	单程
CHTR	包机	PAX	旅客
COM	公务邮件	PAD	有可能被拉下的旅客
COUR	商务信使	PSGR	旅客
CRB	机组行李	SEMN	海员
DEAF	聋哑旅客	SFML	海味餐食
DEPO	遣返者	SMST	吸烟座位

续表

简语	中文	简语	中文
DHC	不参与飞行的占座机组人员	SOC	被行李、邮件或货物占用的座位
DIP	外交信袋	SPML	特殊餐食要求
DLPL	外交信使	STCR	担架病人
ELC	机舱设备	UM	无人陪伴儿童
EMIG	移民	VGML	素食
FARG	易碎行李	VIP	要客
GRPS	团体旅客	WCHC	客舱轮椅
INF	婴儿	WCHR	客机坪轮椅
KSML	犹太餐食	WCGS	客梯轮椅
MATS	军事航空运输服务		

第二节　常用业务电报拍发

一、载重电报

（一）载重电报的作用

拍发载重电报目的是让航班沿线各航站预先得知该航班的实际业载情况,以便:

① 各航站了解到达本站的业载情况,做好接机准备。

② 相关经停站了解本站的过站业载情况,以准确计算本站实际可用业载,并进行配载平衡的计算。

（二）拍发载重电报的规定

① 载重电报应在飞机起飞后5分钟内发出。

② 载重电报应根据载重表上最后结算的数字编制,必须和实际载重情况完全相符,因此电报编好后要认真核对,防止写错、算错或用错代号。

③ 飞机上如果载有特别重要、紧急的物品或有重要的事项通知前方某航站,可以在电文中用规定的代号或用文字作简要说明。

④ 载重电报的识别代号为LDM。

（三）载重电报的内容和格式

载重电报的内容和格式如下：

```
等级  收电单位地址
.发电单位地址    日时组
LDM
航班号/日期.飞机注册号.舱位布局.机组
-到达站.旅客人数.T货物行李邮件总重量.各货舱舱位号/载运量.旅客占座情况
补充信息
```

说明：

① 舱位布局格式为：F舱座位数/C舱座位数/Y舱座位数。

② 机组格式为：驾驶舱人数/乘务员人数，如果需要区分男女乘务员，则可表示为"驾驶舱人数/男乘务员人数/女乘务员人数"。

③ 到达站指航程中到达的机场，用三字代码表示，并在三字代码前加一个连字符号"-"。

④ 旅客人数格式为：成人/儿童/婴儿。如果某到达站只有死重业载下机，而无旅客下机，应在相应地方填上零。如果某到达站没有业载下机就用"NIL"表示。

⑤ 旅客占座情况格式为：PAX/F舱人数/C舱人数/Y舱人数。如果有PAD、SOC、DIP等占用座位情况，则格式为：PAD/F舱人数/C舱人数/Y舱人数，SOC/F舱人数/C舱人数/Y舱人数，DIP/F舱人数/C舱人数/Y舱人数。

⑥ 补充信息。须另起一行，以"SI"开头，并在其后空一格。无固定格式，一般以简语及英文表达。

⑦ 电文中的间隔"."可以用"空格"代替。

【例1】 ××××年8月12日，MU5554航班（SHA—HGH—CAN），飞机号B2104，机组3/4，客舱布局F6Y126。到达HGH站的业载情况为：旅客20/01/00，其中头等舱旅客1人；行李10件共60kg装4号舱；邮件6件共80kg装2号舱；货物15件共300kg装3号舱。到达CAN站的业载情况为：96/03/00，其中头等舱旅客4人；行李50件共480kg装3号舱；邮件10件共80kg装1号舱；货物85件共600kg装4号舱（其中有1件5kg的急救药品到CAN）。根据以上情况飞机起飞后12:25工作人员向杭州站和广州站拍发了载重电报。请写出具体电报内容。

解：

QU HGHTZMU CANTZMU

.SHATZMU 121225

LDM

MU5554/12.B2104.F6/Y126.3/4

−HGH.20/1/0.T440.2/80.3/300.4/60.PAX/1/20

−CAN.96/3/0.T1160.1/80.3/480.4/600.PAX/4/95

SI CAN MED 1/5 H1

二、集装箱板分布报

（一）集装箱板分布报的作用

集装箱板分布报，又称箱板报。拍发集装箱板分布报的目的是为航班沿线各站提供集装箱板分布信息和箱板利用情况，包括集装箱板在飞机货舱的位置、识别代号、所承载的重量及到达站等信息，以便前方站做好充分的卸机和装机的准备工作。

（二）拍发集装箱板分布报的规定

① 集装箱板分布报应在飞机起飞后 5 分钟内发出。
② 即使没有被集装设备占用的舱位也必须说明。
③ 集装设备的装载位置必须与箱板报相符。
④ 集装箱板分布报的识别代号为 CPM。

（三）集装箱板分布报的内容和格式

集装箱板分布报的内容和格式如下：

等级　收电单位地址
.发电单位地址　日时组
CPM
航班号/日期.飞机注册号.舱位布局.机组
−集装设备在飞机上的装载位置/集装设备的到达站三字代码/集装设备识别代号/集装设备装载重量/业载种类代号
补充信息

说明：

① 对于到达站,空集装设备位置和直达航班,可以省略到达站三字代码。

② 超过一个以上到达站时,每个到达站的业载重量都要显示出来。如果集装设备的皮重没有包括在重量之内,那么皮重要包括在集装设备的最后一个到达站的业载重量内。

③ 可利用的舱位情况,代号为"AV",前应加一黑点,后跟 1 个数字("0"代表满载,"1"代表舱位剩余多余 1/4,"2"代表多余 1/2,"3"代表多余 3/4),满载时可省略。可利用的舱位情况通常使用在多航段航班中,以便于告知前方航站尚可利用的载量空间。

④ 补充信息。须另起一行,以"SI"开头,为特殊货物、行李、邮件装载的备注说明,可省去装载位置和重量。

【例2】 ××××年 4 月 25 日,MU5218 航班(SHA—HKG),飞机号 B2675,机型 767-300,额定机组 4/12,客舱布局 F16Y226。运达 HKG 的货物共 5350kg,分装在 2 舱 1 号集装板位 2290kg、2 号集装板位 2200kg,4 舱的右 2 号集装箱位 860kg,集装器识别代号分别为 P1P02103MU、P6P01270MU、AKE43222MU。运达的邮件 970kg,装在 1 舱的左 2 号集装箱位,集装箱号 DPE36002MU。运达的行李装在散货舱 5 舱,共 700kg。根据以上情况飞机起飞后 15:30 工作人员向 HKG站拍发了集装箱板分布电报。根据以上情况,写出相应电报内容。

解:

QU HKGTZMU HKGFDMU HKGFIMU
.SHATZMU 251530
CPM
MU5218/25.B2675.F16/Y226.4/12
-11L/N   -11R/N
-12L/HKG/DPE36002MU/970/M -12R/N
-13L/N   -13R/N
-14L/N   -14R/N
-21P/HKG/P1P02103MU/2290/C
-22P/HKG/ P6P01270MU/2200/C
-31L/N   -31R/N
-32L/N   -32R/N
-33L/N   -33R/N

-34L/N   -34R/N
-41L/N   -41R/N
-42L/N   -42R/HKG/AKE43222MU/860/C
-43L/N   -43R/N
-5/HKG/700/B

【例3】 ××××年 6 月 2 日,CA958 航班(PEK—XMN—SIN),飞机号 B2212,机型 767-300,额定机组 4/12,客舱布局 F16Y226。运达 XMN 的货物共 3560kg,分装在 2 舱的 1 号集装板位 1310kg、2 号集装板位 2250kg,集装板号分别 为 P1P01106CA、P6P02201CA。运达的邮件 850kg,装在 1 舱的左 2 号集装箱位, 集装箱号 DPE61002CA。运达的行李 800kg,装在 1 舱的左 1 号集装箱位,集装箱 号 DPE61004CA。运达 SIN 的货物共 2550kg,分装 250kg 在 1 舱的右 1 号集装箱 位,集装箱号 DPE61005CA,该箱尚有大于 1/4 的空间剩余;分装 2300kg 在 1 舱 的 2 号集装板位,集装板号为 P6P00001CA。运达的行李 800kg,在散货舱 5 舱。 运达的邮件 900kg,装在 3 舱的右 3 号集装箱位,集装箱号为 DPE70006CA。该飞 机上还载有 1 个运达 SIN 的空集装箱,箱号 DPE70105CA,在 3 舱的右 1 号箱位。 根据以上情况飞机起飞后 12:00 工作人员向 XMN 站和 SIN 站拍发了集装箱板 分布电报。根据以上情况,写出相应电报内容。

解:

QU XMNTZCA XMNFDCA SINTZCA SINFIDCA
.PEKTZCA 021200
CPM
CA958/02.B2212.F16/Y226.4/12
-11L/XMN/DPE61004CA/800/B
-11R/SIN/DPE61005CA/250/C.AV1
-12L/XMN/DPE61002CA/850/M   -12R/N
-12P/SIN/P6P00001CA/2300/C
-21P/XMN/P1P01106CA/1310/C
-22P/XMN/P6P02201CA/2250/C
-31L/N   -31R/SIN/DPE70105CA/X
-32L/N   -32R/N
-33L/N   -33R/SIN/DPE70006CA/900/M
-41L/N   -41R/N

-42L/N   -42R/N

-43L/N   -43R/N

-5/SIN/800/B

三、重要旅客报

（一）重要旅客报的作用

拍发重要旅客报的目的是告知前方各站有关部门，做好接待工作，保证重要旅客的服务工作，确保其旅行顺利。

（二）重要旅客的范围

① 省、部级副职以上（含副职）的负责人；

② 党和国家领导人、政府首脑、联合国秘书长；

③ 军队在职正军职少将以上的负责人；

④ 公使、大使级别外交使节；

⑤ 国家三会代表；

⑥ 由各部委以上单位或驻外使馆、领馆提出要求按重要旅客接待的客人。

（三）重要旅客报的规定

① 重要旅客报应在飞机起飞后 5 分钟内发出。

② 重要旅客报的识别代号为 VVIP。

（四）重要旅客报的内容和格式

重要旅客报的内容和格式如下：

```
等级    收电单位地址
.发电单位地址    日时组
VVIP
航班号/日期.飞机注册号
重要旅客姓名、身份、随行总人数、座位号、到达站
重要旅客一行人的行李件数及其装载位置
补充信息
```

说明:

① 重要旅客姓名、身份、随行总人数、座位号、到达站,这部分内容为自由格式,以阐明上述内容为准。

② 重要旅客一行人的行李件数及其装载位置,如果装在集装器内,应给出相应的集装器识别代号。

③ 补充信息。须另起一行,以"SI"开头。

【例4】 ××××年5月2日,CA1806航班(PEK—SHA),机号B2236。该飞机上一要客,姓名王东,男性,部队司令员,随行人员5人。坐在2ABC和3AB位置上,其行李6件140kg,装在5舱,除系行李条外,还系红色要客牌。根据以上情况机场国内旅客服务部门于11:20向SHA站相关部门拍发了重要旅客报。根据以上情况,写出相应电报内容。

解:

QU SHAKDCA SHAVPCA SHATZCA

.PEKKDCA 021120

VVIP

CA1806/02.B2236

WANG DONG/MR FORCE COMMANDER HIS COMPANIES TTL

5 PERSONS

SEATS NUMBER 2ABC 3AB

DEST SHA

BAG 6/140 IN HOLD 5

SI ALL VIP'S BAG LABBLED WITH RED BAND

四、旅客服务电报

(一)旅客服务电报的作用

① 向航班前方各站通告需要提供特殊服务的旅客信息,以便有关航站做好准备,及时为旅客提供服务。

② 通常需要为下列旅客提供特殊服务:病残旅客、无人陪伴儿童、重要旅客等。

（二）旅客服务电报的规定

① 旅客服务电报应在截止办理乘机手续后立即发出。

② 旅客服务电报的识别代号为 PSM。

（三）旅客服务电报的内容和格式

旅客服务电报的内容和格式如下：

```
等级　收电单位地址
.发电单位地址　日时组
PSM
航班号/日期.飞机注册号
－到达站 旅客姓名及类别
补充信息
```

说明：

（1）到达站指航程中到达的机场,用三字代码表示,并在三字代码前加一个连字符号"－"。

（2）旅客姓名及类别,每名旅客要独立成行。常见旅客服务格式如下：

    ① 无人陪伴儿童（姓名、类别代号、年龄）；

    ② 轮椅旅客（姓名、轮椅型号）；

    ③ 担架旅客（姓名、病人简语、担架）；

    ④ 盲人旅客（姓名、盲人）。

（3）补充信息。须另起一行,以"SI"开头。

【例5】 ××××年 5 月 27 日,CA943 航班（PEK-NRT-ORD）,机号 B2036,飞机上承载四个特殊旅客。Smith Boger,无人陪伴儿童,10 岁,目的地 NRT；Brown,轮椅旅客,轮椅类型客舱轮椅,目的地 ORD；Jones,担架病人,目的地 ORD；Robert,盲人,目的地 ORD。根据以上情况机场国际旅客服务部门于 14：20 向 NRT 站和 ORD 站相关部门拍发了旅客服务报。根据以上情况,写出相应电报内容。

解：

    QU NRTKECA NRTTZCA ORDKECA ORDTZCA

    .PEKKECA 271420

PSM
CA943/27.B2036
−NRT SMITH ROGER UM10
−ORD BROWN WCHC
JONES MEDA STCR
ROBERT BLND

 习题与思考

1. 电报组成包含几个部分？

2. 载重电报的作用是什么？

3. 集装箱板分布报的作用是什么？

4. 如何界定重要旅客？

5. 旅客服务电报的作用是什么？

6. ××××年10月15日，FM9754航班（SHA—WUS—KMG），飞机号B2354，机组3/4，客舱布局F8Y156。到达WUS站的业载情况为：旅客8/01/00，其中头等舱旅客1人；行李5件共50kg装4号舱；邮件1件10kg装2号舱；货物15件共250kg装3号舱。到达KMG站的业载情况为：旅客100/03/00，其中头等舱旅客5人；行李50件共600kg装3号舱；邮件4件共50kg装1号舱；货物30件共500kg装3号舱。根据以上情况飞机起飞后11：30工作人员向武汉站和昆明站拍发了载重电报。根据以上情况，写出相应电报内容。

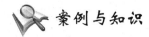 案例与知识

航空固定通信网路

1. 国际民航组织航空固定业务通信网（AFTN）

国际民航组织各成员国之间的航空固定业务通信电路相互连接组成了国际民航专用低速地面通信网。此网路中传递电报的规定格式称为 AFTN 格式。中国民用航空局国内地面业务通信网传递的航行电报、气象电报和民航局各业务单位的电报，使用标准的 AFTN 格式。

2. 国际航空通信协会通信网(SITA)

世界范围的、由国际航空通信协会(SITA)经营的,供 SITA 成员航空公司内部或航空公司之间传递电报、数据的通信网。此网路中传递电报的规定格式称为 SITA 格式。中国民用航空局国内地面业务通信网传递的民用航空企业的运营业务电报的格式与 SITA 格式相同。

SITA 国际电路,在北京设有通信中心,与香港之间有卫星电传电路。

3. 地面业务通信网

为传递航空业务电报,由中国民用航空局各地面业务电台之间的通信电路和无线电波道,以及与 AFTN 和 SITA 之间的电路相互连接组成的通信网。地面业务通信网络包括:国内通信电路、管制移交通信电路、通用航空通信电路、飞行院校通信电路。

此外,场内移动通信是机场范围内的单位、人员和民用航空专用流动车辆之间,建立的传递保障飞行以及其他信息的无线电话通信。机场、机关企事业单位和外部的电话通信,应当采用邮电公用线路。

资料来源:航空固定通信网路有哪三种? 腾讯网,2014-03-30.

第十章　配载平衡离港操作

- 配载平衡模块的功能
- 配载平衡离港操作程序

计算机离港系统是民航地面运输生产的技术支持。配载平衡工作具有数据处理多、计算要求高、限制条件多、编制时间紧等特点,因此,利用计算机离港系统进行配载平衡工作,能提高配载平衡工作效率和准确度。

第一节　计算机离港系统

计算机离港系统(Departure Control System,DCS)是一种在航空运输业中最广泛应用的先进的计算机自动化生成管理系统。国际上流行的几种离港系统包括:SITA 公司的 CUTE 系统、UNISYS 公司的 APPS 系统、VIDECOMG 公司的 SEATS 系统等。

中国民航计算机离港系统建设于 1988 年,是引进美国 UNISYS 公司的航空公司旅客服务大型联机事务处理系统经过几次改造形成的。

计算机离港系统分为旅客值机[Check-in(CKI)]、配载平衡[Load-Planning(LDP)]、航班数据控制[Flight Data Control(FDC)]三大部分,CKI 与 LDP 可以单独使用,也可以同时使用,它们在使用过程中由 FDC 进行控制,三大模块之间是通过卫星、光纤等网络技术连接起来。

一、旅客值机模块

旅客值机是旅客购买机票后上飞机前必经的程序,包括核对旅客姓名、确认机上座位、发放登机牌、交运行李等一系列操作。旅客值机(CKI)模块系统可以为旅客在始发地一次性办妥全程乘机手续(包括办理外航的联程航班),自动打印登机牌、行李牌,通过登机口阅读器及时提取未登机旅客姓名及其行李牌号码以便及时找出未登机旅客的行李,确保飞行安全和航班正点。该模块功能包括:旅客信息处理、航班控制、飞机布局及座位控制、静态数据定义、航班关闭及报文发送。

旅客值机模块系统需要来自航班操作数据和订座系统的信息,一般情况下,旅客值机的航班由 FDC 模块系统自动生成,旅客值机模块系统从 FDC 模块系统中获得航班的静态数据,从旅客订座系统(RES)中获得旅客的名单数据(PNR),从而建立起整个航班的数据记录。即使有意外情况发生,旅客值机系统与 FDC

和 RES 中断联络,旅客值机系统也提供了相应的后备指令,可以手工建立航班数据记录。

二、配载平衡模块

配载平衡模块协助工作人员进行行业载分布工作,并能够始终监控在特定条件下飞机增加业载时的状态,确保飞机处于制造商要求的重量与平衡条件。任何非法的或超过允许范围的状况都会被检查出来并显示给工作人员。同时,当航班关闭后,这套系统能打印国际航空运输协会(IATA)标准格式的装载表(LOAD SHEET),包括提供给机长的重量和平衡数据。还具有自动向目的站、经停站拍发 LDM 和 CPM 报的功能,从而省去了人工发报,加快电报的传递速度,使航班各站连为一体。

三、航班数据控制模块

航班数据控制模块(FDC)在离港系统整个运作过程中起着总控的作用,与离港系统各个子系统之间都有接口,为旅客值机、飞机载重平衡模块提供后台数据支持。该模块功能包括航班信息显示/修改、定期航班时刻表的建立/修改、航班记录显示/修改、飞机布局表的显示/修改/建立。

航班数据可按周期一次性装载,如将夏、秋季或冬、春季航班时刻表一次性载入数据库,也可以装载短期的临时加班航班的数据。而且,工作人员可以对航班数据进行修改和删除。每天晚上,FDC 系统会自动生成第二天的动态航班记录。该系统一般由机场的离港控制人员进行操作管理。

(一)FDC 与旅客值机模块的关系

当离港控制员在 FDC 中建立起周期航班的数据,航班数据被系统确认生效后,FDC 将把包含航班起始/到达站、起飞/到达时间、机型、座位布局等航班的相关数据在内的信息发送给旅客值机系统,旅客值机系统接收到航班信息后方可向订座系统索取旅客名单,并接着完成航班的座位控制和旅客值机手续的办理。同时,FDC 还提供实时修改功能,离港控制员可以根据实际的飞机安排,随时对航班数据进行修改,如航班的起飞/到达时间、航班的登机口位置、航班机型变化、座位布局调整等。航班相关数据修改后,FDC 同样会将信息及时发送给旅客值机系统,实现前台、后台信息一致。

（二）FDC 与配载平衡模块的关系

为了保证离港系统的两个前台子系统，即旅客值机系统与配载平衡系统内的航班数据的一致性，FDC 在给旅客值机系统发送航班信息的同时，也向配载平衡系统发送航班的信息，以支持配载员根据准确的航班信息进行航班的配载平衡操作。

第二节　配载平衡离港指令

配载平衡模块离港操作主要使用以下指令，如表 10-1 所示。

表 10-1　功能指令表

类别	指令代号	指令说明
1	LCFD/U	通过航班数据控制系统（FDC）自动建立航班，或用 LCFD/LCFU 指令建立或提取航班数据（输入航节、航班号、飞机号、起飞/降落时间等）
2	LWXD/U	用该指令输入航站气象数据，如温度/风向/风速等，有时省略
3	LODD/U	显示或修正航班的操作数据（如航班基本重量和指数、空机操作重量和指数、允许起飞重量、允许落地重量、加油方式、起飞和落地襟翼等）
4	LFFD/U	显示或修正油量信息
5	LPAD/U	显示业载使用情况（包括客运值机的旅客行李数据，货物、邮件的数据等）
6	LFSD/U	查看航班状态
7	LPDD/U	检查航班的平衡状态
8	LMSD/U	航班补充信息显示
9	LFSD	关闭或释放航班
10	LLSP	打印平衡表
11	LLDM/LCPM/LUCM	载重报/箱板分布报/集装箱控制报发送
12	LFSD	释放航班
13	LFLD	显示配载平衡有效航班（辅助指令）

续表

类别	指令代号	指令说明
14	LLAF	显示航空公司飞机注册号及布局(辅助指令)
15	LAID	显示配载报文地址定义(辅助指令)
16	LADD	显示飞机基本数据(辅助指令)
17	CP	清屏指令(辅助指令)

说明：

① 每组指令中以字母"D"结尾的为输入指令,系统接受后,将自动将该输入指令显示为以字母"U"结尾的指令。

② 须按逻辑输出键(F12)或小键盘的"Enter"键,才能得到指令的输出,指令的输入必须跟随在">"光标后。

③ 若系统接受指令时,显示"ACCEPTED",否则系统将自动给出错误提示。

④ 在本章每个指令的叙述中,若某个域有下划线"＿＿＿",则表示此域内容对该指令是必需的,不可省略;否则可省略。

⑤ 一些英文单词的说明：

airline：表示航空公司,若有省略,则表示电脑终端定义的主航空公司；

station：机场代码,若有省略,则表示电脑终端所在的机场代码；

date：日期"+"表示明天,"."表示今天,"-"表示昨天；

flight：航班号；

legs：航班航节,若有省略,则由系统参数确定。如航班 PEK — CAN 可输入 PEK 或 PEKCAN,如航班 PEK—PVG—CAN,若输 PEK 则只显示 PEK — PVG 内容。

配载平衡模块离港操作,功能指令操作顺序如图 10-1 所示。

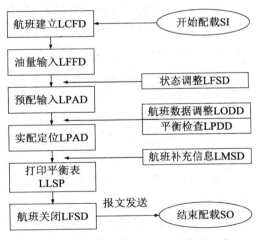

图 10-1　配载平衡模块功能指令操作顺序

第三节　配载平衡离港实例

一、配载平衡离港操作程序

配载平衡工作人员使用计算机离港系统的配载平衡模块实施航班平衡工作流程如图 10-2 所示。

① 平衡准备工作:使用离港平衡前,制作离港平衡数据复核表,填写离港操作航班基本数据,如:航班号、机号、目的地、机组、基重、基重指数(包括修正)、最大无油重量、最大起飞重量、最大落地重量、耗油等。

② 核实当日航班值机模块建立情况,以"SY 航班号/日期"指令,核对航班号、机号、标准座位布局等;以"SE 航班号/日期＊"指令查看座位发放比例。

③ 从客调处获取油量及机组信息。

④ 收到货运装机通知单时,检查货物、邮件、行李装载计划是否合理,如不符合要求应及时通知货运配载部门修正。

⑤ 离港系统进行平衡操作,以"SI 工号/密码/88"指令进入。

⑥ 建立始发航班,指令为"LCFD 航班号/日期"。确认后显示的页面中,逐项输入始发地(SHA)、飞机注册号、飞机座位布局、计划出发时间、目的站三字代码。若有多个后续目的站,应逐站列出;若已列出,则检查是否正确。

⑦ 输入油量,指令为"LFFD 航班号/日期",从飞行数据表中查得相应飞机在相应航段的航段耗油,键入在相应位置。

⑧ 若遇航班机组配置、餐食配置、起飞重量限制等基本数据发生变化,以"LODD 航班号/日期"指令,对相应数据(使用空重、空重指数、机组配置等)做出修正。

⑨ 航班起飞前 25 分钟,以"FT 航班号"指令、以"CI:"指令做 CKI 模块中的中间关闭。

⑩ 以"LPAD 航班号/日期/PAX"指令,输入或检查旅客人数及占座情况。若与 CKI 模块连接,则不必输入人数及占座情况,用"SY 航班号,Z"指令核对,把最终旅客人数、座位布局、行李件数和重量,填写在离港平衡数据复核表中。

⑪ 以"LFSD 航班号/日期"指令,将 CKI(值机)状态改为 M(手工状态),回车确认。一般情况下,CKI 为 O(与值机状态连接),数据自动传输入 LDP 模块中。

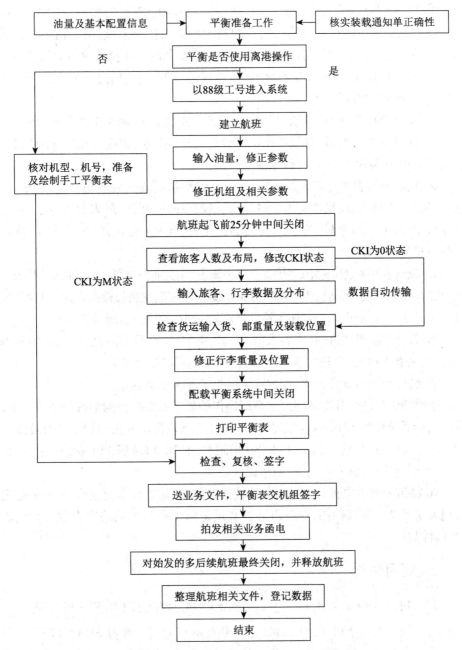

图 10-2　计算机离港-配载平衡基本工作流程

⑫ 以"LPAD 航班号/日期"指令,逐项输入货物、邮件、行李的目的地、实际重量、性质、舱位(注:由货运输入离港配载中相关数据并复核,最后由平衡员最后一次核对)。以"FT 航班号"指令、以"CCL:"指令做 CKI 模块中的中间关闭。

⑬ 以"LFSD"指令显示舱单数据,查看有无警告、出错信息。如有此类不正常信息出现,需要及时调整。

⑭ 以"LFSD 航班号/日期"指令,将 FLT 状态改为 P,回车中间关闭航班。

⑮ 以"LLSP 航班号/日期/SHA/打印机地址"指令,或在使用"LFSD"指令时,将 LLSP 选项改为"Y",打印平衡表。

⑯ 载重平衡表实行双人复核制,主要复核平衡员输入的航班号、目的地、日期、飞机号、机组人数、操作基本重量、操作指数、加油、耗油、最大起飞重量、最大落地重量、最大无油重量、旅客人数(成人、儿童、婴儿)及 F、JC、Y 舱布局,货物装载舱位等数据。

⑰ 载重平衡表制作完毕后,检查载重平衡表、相关业务文件、飞机注册号是否一致;航班起飞前 5 分钟,将载重平衡表与业务袋送上飞机,交机长检查签收。载重平衡表一式三份,一份交机组,份作为随机业务文件到日的地,一份平衡室留存。

⑱ 若送出随机文件后,旅客人数、行李、货物、邮件再有增减,在允许的范围内更改,并在 LMC 栏作相应修正(允许范围视不同机型而定)。

⑲ 航班起飞后 5 分钟内,拍发载重电报等相关业务函电。

⑳ 航班起飞后,若本站用离港系统操作的始发站航班目的地有两站或以上,应在离港系统中将 LMC 内容作出修正,最后将航班由中间关闭(P)改为最终关闭(C),并释放该航班。指令为:LFSD 航班号/日期,将航班 FLT 状态先由 P 改为 C,回车确认;再由 C 改为 R,回车确认。

㉑ 将出港载重电报、平衡表、货运装机通知单、旅客行李交接单、过站平衡表等相关航班文件装订存档,在航班客货载量记录中登记出港旅客人数、行李、货物、邮件数据。

二、应用举例

【例1】 ××××年 2 月 7 日,航班 FM9342 的飞机(B767 - 300)机号为 B2415,客舱布局为 F15/C31/Y214,在 8 号登机门登机。航程 SHA—PEK,上海起飞时间为 16:35,18:16 到达北京。该飞机基重为 87 015kg,指数为 54.7。最大起飞重量为 156 489kg,最大落地重量为 136 077kg,最大无油重量为 126 098kg。航班实际旅客人数为 134/06/01,(F 舱 4 人,Y 舱 137 人),座位布局为 OA 区

4 人，OB 区 19 人，OC 区 117 人(婴儿不占座)；行李 417kg/30pcs，装 5 舱；货物 14 930kg/863pcs，分布情况 1 舱 2466kg，2 舱 5796kg，3 舱 4360kg，4 舱 2308kg；邮件 517kg/142pcs，装在 3 舱。加油 19 000kg，耗油 8400kg。据以上情况，使用计算机离港系统制作一张离港平衡表。

解：(步骤如下)

(1)登录离港系统

输入指令：>SI：工号/密码/88，登录离港系统。

(2)建立航班，显示及修改航班数据

输入指令：> LCFD：FM9342/07FEB。

显示建立的航班，此时 LCFD 改为 LCFU 状态，STN 栏内输入 SHA—PEK，A/C 栏内输入机型 B2415，CONFIGURATION 栏内输入 F15/C31/Y214，ARVL 栏内键入 1816，DPTR 栏内键入 1635，GATE 栏内键入 8，如表 10-2 所示：

表 10-2

LCFU：		FM9342/07FEB××		DATE/TIME：07FEB××/15:30:38			
STN	A/C	CONFIGURATION	ARVL	DPTR	GATE	CONT-WAB	Y
SHA	B2415	F15C31Y214		1635	8		
PEK			1816				

(3)航班数据显示及修正

输入指令：> LODD：FM9342/07FEB。

修正飞机基本重量及指数和其他数据(包括机组人数、基重及其指数、最大起飞重量、最大落地重量、最大无油重量等)。使其中 CREW 栏内显示 4/11 机组；DRY OPERATION WGT 栏内显示 87015，IDX 为 54.7；ATOGW 栏显示 156489；A-LND-WT 为 136077，如表 10-3 所示：

表 10-3

LODU：FM9342/07FEB/SHAPEK	A/C	B2415	767-3J6	07FEB××/15:32:38
WEIGHT KG TEMP 0		ETD 1300	GATE	CREW 4 11 0
J/S PAX/AA	PAX/BB			
CONF F15/C31/Y214	CPM _____		OTH F15/C31/Y214 _____	
N	N		N	
N	N		N	
N	N		N	

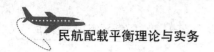

续表

```
OEW-ADJ          INDEX          DESCRIPTION：CREW COMPLEMENT
_____         _____                    CATERING REQUIREMENT
                                             DECK VERSION NONE

_____         _____                    _____

BASIC：WGT 87015   IDX _54.7   DRY OPERATION：WGT    87015   IDX 54.7
ADJ：ATOGW    CLIMB    CERT    LNDING NXT STP
REASON：
FWR/FLAP                                 DEC VERSION    /
RUNWAY  31L-                             PFD-LND-RNY  21L-
ATOGW   156489                           A-LND-WT  136077
CLIMB                                    MODE STD
OTH LIMIT                                LND-FLAP-
```

（4）航班油量数据显示及修改

输入指令：> LFFD：FM9342/07FEB。

在 ADD 栏内输入航程加油量 19 000，在 B/O 栏内输入航程耗油量 8400，并按回车键确认，如表 10-4 所示：

表 10-4

```
LFFU：FM9342/07FEB/SHAPEK   A/C   B2415   767-3J6   F15/C31/Y214   GATE 8
WEIGHT KG    767-3J6   ETD 1300   DATE/TIME：07FEB/15：36：38
FUEL-ARVL：_____                          WEIGHT    INDEX
 -ADD：__ 19000     MIN：__ 2267     FUEL BALLAST：_____   _____
                   MAX：24365       WATER INJECT：_____   _____
                   SUG：__ 19000    TANKERING   ：_____   _____
 -TAXI：____        TOF：19000       TYPE       ：_____
 -B/O：__ 8400
TOTAL FUEL：19000 MODE：STD   DENSITY：0.78
FUEL DISTRIBUTION：
TTL-WT TANK1 TANK2 TANK3 TANK4 CENTER   R1    R2    R3    R4
REMARKS：_____
FUEL DISTRIBUTON NOT FOUND
ACK-FUEL DISTRIBUTION NOT FOUND
```

（5）航班载运的货物、行李、邮件分舱显示及修改

输入指令：＞LPAD：FM9342/07FEB/CGO1。

显示货运部门传输过来的货物、邮件重量（包括集装箱板重量）及预计行李重量（包括货物、邮件、行李的到达站、箱板编号及相应位置）。核对装机通知单，若有不符，立即通知货运修正，如表10-5所示：

表10-5

LPAU：FM9342/07FEB/CGO1			SHA	PEK	A/C	B2415	F15/C31/Y214	ETD 1300
WEIGHT KG				767-3J6		DATE/TIME：07FEB/15:41:38		
LFSD：_ LPDD：_		CUMULATIVE CHECKS：Y		RESTHOLD POSITION ＿＿＿		WGT ＿＿＿＿		
		PAYLOAD REMAINING：		32831	STATUS		FINAL	
DEST	ACTWGT	ESTWGT	TYPE	SERIAL	IND	CONT	POS	/PRI RESTRICED
CARGO DST								
PEK	1291	1291	C	PLA77912FM	LD3	11P	A1 1	
PEK	1466	1985	C	PMC69092FM	P6P	13P	A0 1	
PEK	2791	2791	C	PMC69081FM	P6P	21P	A0 1	
PEK	3296	3300	C	PMC67909FM	P6P	23P	A1 1	
PEK	433	433	C	AKE68909FM	AKE	31L	A1 1	
PEK	517	517	M	AKE53909FM	AKE	31R	A0 1	
PEK	1544	1544	C	DQF33909FM	DQF	32	A1 1	
PEK	1100	1100	C	DQF42359FM	DQF	33	A0 1	
PEK	1310	1310	C	DQF23109FM	DQF	34	A0 1	
PEK	736	736	C	DQF13568FM	DQF	41	A2 1	
PEK	1808	1808	C	DQF62909FM	DQF	42	A2 1	
PEK	0	0	BY		BULK	5	A0 1	

（6）航班中间关闭

输入指令：＞SY：FM9342，Z。

查看FM9342航班办妥值机的旅客人数及布局。在接收到值机系统CKI航班初始关闭后，输入指令：＞FT：FM9342/07FEB，提取航班，待系统接受后，输入指令：＞CCL，中间关闭航班。再次使用SY指令查看，将FM9342航班关闭后的最终人数134.6.1，座位布局OA区4人、OB区19人、OC区117人，以及行李417kg / 30pcs记录在配载平衡数据复核表内。

（7）核查旅客人数、布局

输入指令：＞LPAD：FM9342/07FEB/PAX。

查看FM9342航班已办理登机手续的旅客情况，检查旅客人数、布局与SY指

令中显示的是否一致。若不符,可与值机联系或改由手工方式输入,如表 10-6 所示:

表 10-6

```
LPAU: FM9342/07FEB/PAX    SHA   PEK  A/C  B2415    15/C31/Y214    ETD 1300
WEIGHT KG                 767-3J6                DATE/TIME: 07FEB/15:56:38
LFSD_     LPDD_     GENDER REQD N
                  A    C    I    T            RANGE
AVG PSGR WGT: 134    6    1    141           LOW:    HIGH:
PASSENGERS: F   4                            _____   _____
            C   0                            _____   _____
            Y  137                           _____   _____
            TTL 141
                 0A   0U   0B   0C   0D   0F
COMPARTMENT CAPACITY: 15   31   214
COMPARTMENT COUNT:    4    19   117              USE Y
COMPARTMENT DISTR:    6    30   214
PAYLOAD REMAINING:    9874    AVERAGE BAGGAGE WGT:20
CARGO SPECIAL HNDLG:_____
REMARKS:_____
```

(8)输入最终行李的重量、舱位

输入指令:> LPAD:FM9342/07FEB/CGO1。

在界面 DEST 栏内输入"PEK",ACTWGT 栏内输入本航班的行李重量"417",ESTWGT 栏内重复输入"417",TYPE 栏内输入"BY"类型,CONT 栏输入"BULK"(散货仓),POS 栏内输入装舱位置"5"舱,按回车键确认,如表 10-7 所示:

表 10-7

```
LPAU: FM9342/07FEB/CGO1  SHA   PEK   A/C  B2415  F15/C31/Y214    ETD 1300
WEIGHT KG                767-3J6              DATE/TIME: 07FEB/16:00:38
LFSD:_ LPDD:_  CUMULATIVE CHECKS: Y  RESTHOLD POSITION ___  WGT ____
              PAYLOAD REMAINING:  32831    STATUS     FINAL
```

续表

DEST	ACTWGT	ESTWGT	TYPE	SERIAL	IND	CONT	POS	/PRI RESTRICED CARGO DST
PEK	1291	1291	C	PLA77912FM	LD3	11P	A1 1	
PEK	1466	1985	C	PMC69092FM	P6P	13P	A0 1	
PEK	2791	2791	C	PMC69081FM	P6P	21P	A0 1	
PEK	3296	3300	C	PMC67909FM	P6P	23P	A1 1	
PEK	433	433	C	AKE68909FM	AKE	31L	A1 1	
PEK	517	517	M	AKE53909FM	AKE	31R	A0 1	
PEK	1544	1544	C	DQF33909FM	DQF	32	A1 1	
PEK	1100	1100	C	DQF42359FM	DQF	33	A0 1	
PEK	1310	1310	C	DQF23109FM	DQF	34	A0 1	
PEK	736	736	C	DQF13568FM	DQF	41	A2 1	
PEK	1808	1808	C	DQF62909FM	DQF	42	A2 1	
PEK	417	417	BY		BULK	5	A0 1	

（9）航班平衡状态检查

输入指令：> LFSD：FM9342 /07FEB。

显示 FM9342 航班状态，检查本航班实际无油重心、实际起飞重心、起飞油量、旅客人数和货物、邮件、行李重量及实际业载等数据。此时，如有警告显示超载、重心超出前后极限等信息，应进行相应调整，如表 10-8 所示：

表 10-8

```
LFSU：FM9342 /07FEB        SHA   PEK  A/C  B2415      ETD      1300    GATE   14
LCWS    LISP        767-3J6                  DATE/TIME：07FEB/16：02：38
STATUS-FLT：C  CKI：C FUEL：N  CGO：    CONF     F15/C31/Y214
WEIGHT    ACTUAL KG              ACTUAL    MAXIMUM        MINIMUM
THRU       000000        PAYLOAD     27100    39862
CARGO 016292       ADJ OEW        87015
BAGS      000417/030     ZFW          114115  126098
PSGRS     009874/141     FUEL STD     18000   8800        00500
MAIL      000517        TOGW ZFW      132115  156490
RANGE  F  000/004   C   000/000    Y    000/137
TO  PWR/FLAP       00   LNDG   FLAP     00    WX      TO  RWY  ALT  RWY
       HLD1    HLD2   HLD3   HLD4   HLD5   TRIM     005.00MD 31L-
AFT LIM   000000   000000   000000   000000   000000 A   TOMAC    19.54%
FWD LIM 000000    000000   000000   000000   000000 A   ZFMAC    20.19%
```

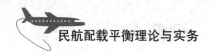

续表

```
ACT LIM   2757   6087   5421   2544   417   A   DLMAC   30.14%
CGO  SPECIAL  HNDLG:
REMARKS:NONE
```

从显示中可知,本航班实际业载为 27 100(有剩余业载),航班为关闭状态
(FLT:C),值机已关闭(CKI:C)。重心位置:起飞重心为 19.54%,无油重心为
20.19%,落地重心为 30.14%。

(10)实际业载分布显示

输入指令:>LPDD:FM9342/07FEB。

在显示中可查看到此次航班无油重心前限为 15.01,后限为 30.14,本次航班
无油重心为 20.19,在正常范围内,如表 10-9 所示。

表 10-9

```
LPDD:FM9342/07FEB/SHAPEK            A/C      B2415      F15/C31/Y214
WEIGHT  KG         767-3J6               ETD   1300    GATE   14
PAX   04/00/137
POS   DEST WGT  TYPE    PR  SERIAL-NBR  CONT-TYPE  RESTRICTED  CARGO
11P    PEK  1291   C    01                LD3
13P    PEK  1466   C    01                P6P
21P    PEK  2791   C    01                P6P
23P    PEK  3296   C    01                P6P
31L    PEK  433    C    01                AKE
31R    PEK  517    M    01                AKE
32     PEK  1544   C    01                DQF
33     PEK  1100   C    01                DQF
34     PEK  1310   C    01                DQF
41     PEK  736    C    01                DQF
42     PEK  1808   C    01                DQF
5      PEK  417    BY   01                BULK
TOTAL WGT:027100
ZFW(KG):114115  FWD LIMIT CG:15.07 ZFWMAC:20.19   AFTLIMIT CG:30.08
CARGO SPECIAL HNDLG:
REMARKS:
```

（11）打印载重平衡表

输入指令：> LLSP：FM9342 /07FEB。

也可以在"第9步骤"航班平衡状态检查无误的基础上，在 LLSP 栏内键入"Y"，FLT 栏内键入"P"，然后按回车键确认打印输出。

在平衡表 PREPARED BY 栏内签上制作平衡表者姓名，整个离港平衡表制作完毕，最后请机长在打印好的平衡表上签字。

（12）飞机起飞后拍发载重电报

输入指令：> LLDM：FM9342 /07FEB。

（13）操作结束，释放航班

输入指令：> LFSD：FM9342。

习题与思考

1. 计算机离港系统的组成及其功能是什么？
2. 计算机离港系统对航班配载平衡工作的意义是什么？
3. 配载平衡工作计算机离港实施的流程是什么？

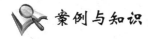

案例与知识

中国航信

中国民航信息集团公司正式组建于 2002 年 10 月，是专业从事航空运输旅游信息服务的大型国有独资高科技企业，是隶属于国务院国资委管理的中央企业。其前身为中国民航计算机信息中心，至今已有 30 余年的发展历史。中国民航信息网络股份有限公司是在 2000 年 10 月，由中国民航计算机信息中心联合当时所有国内航空公司发起成立，2001 年 2 月在香港联交所主板挂牌上市交易，股票代码为 0696.HK。2008 年 7 月，中国民航信息集团公司以中国民航信息网络股份有限公司为主体，完成主营业务和资产重组并在香港成功整体上市。中国民航信息集团公司（以下简称"中国航信"）资产总额 173 亿元（截至 2015 年底数据），拥有 5825 人（截至 2016 年底）的高素质员工队伍，总部设在北京，60 余家分子公司及非控股公司遍布全国及海内外。

作为市场领先的航空运输旅游业信息技术和商务服务提供商，中国航信被行业和媒体誉为"民航健康运行的神经",所运营的信息系统列入国务院监管的八大重点系统之一。中国航信是全球第三大 GDS(航空旅游分销系统提供商),拥有全球最大的 BSP 数据处理中心。企业数次荣膺中国信息化 500 强,拥有多项国家发明专利授权,是国家首批获得信息系统集成及服务资质运行维护分项一级资质的企业。

中国航信所运营的计算机信息系统和网络系统扮演着行业神经中枢的角色,是民航业务生产链条的重要组成部分,中国航信也是国资委监管企业中唯一以信息服务为主业的企业。提供的航空信息技术服务由一系列的产品和解决方案组成,服务对象主要包括:国内外航空公司、机场、销售代理、旅行社、酒店及民航国际组织,并通过互联网进入社会公众服务领域。主要业务包括:航空信息技术服务、结算及清算服务、分销信息技术服务、机场信息技术服务、航空货运物流信息技术服务、旅游产品分销服务、公共信息技术服务等七大板块,以及与上述业务相关的延伸信息技术服务。经过三十余年的不断开发和完善,形成了相对完整、丰富、功能强大的信息服务产品线和面向不同对象的多级系统服务产品体系,极大地提高了行业参与者的生产效率。

公司发展愿景:成为民航、旅游、交通运输业领先的信息技术及商务服务提供商,在稳固中国市场主导地位的基础上,致力成为具有国际竞争力的世界一流公司。

资料来源:中国民航信息集团公司官网(http://www.travelsky.net).

参考文献

［1］宋笔锋,谷良贤. 航空航天技术概论［M］. 北京:国防工业出版社,2006.

［2］王细洋. 航空概论［M］. 北京:航空工业出版社,2004.

［3］丁松滨. 飞行性能与飞行计划［M］. 北京:科学出版社,2013.

［4］丁兴国,陈昌荣. 民航运输机飞行性能与计划［M］. 北京:清华大学出版社,2012.

［5］韩明亮,赵桂红. 民航运输生产组织［M］. 天津:天津科学技术出版社,2001.

［6］石丽娜,周慧艳. 航空客运实用教程(第二版)［M］. 北京:国防工业出版社,2008.

［7］万青. 飞机载重平衡［M］. 北京:中国民航出版社,2004.

［8］林彦,郝勇,林苗. 民航配载与平衡［M］. 北京:清华大学出版社,2011.

［9］王大海,杨俊,余江. 飞行原理［M］. 成都:西南交通大学出版社,2006.

［10］赵廷渝. 飞行员航空理论教程［M］. 成都:西南交通大学出版社,2004.

［11］Paul E. Illman. 飞行员航空知识手册［M］. 王同乐,杨新涅,译. 北京:航空工业出版社,2006.

［12］王益友. 航空物流［M］. 北京:清华大学出版社,2015.

［13］空客公司. 掌握飞机性能,2002.

［14］载重平衡手册. 中国东方航空有限公司.

附 录

附录 1 B737-700 飞机装机通知单

航班：　　　日期：　　　机号：　　　由　　　往：　　　起飞时间：

到达站	货物	邮件	件	预计行李	备注	证
货物出舱记录						

货舱地板最大负荷 730·$\dfrac{kg}{m^2}$

FWD CARGO　前货舱门　1舱　2舱

AFT CARGO　后货舱门　3舱　4舱

	1舱	2舱	3舱	4舱
最大载重量（kg）	814	1021	2409	763
最大容积(m³)	11		16.4	
货舱门尺寸cm	120^W × 88^H		120^W × 78^H	

备注：

填表人：　　　审核人：　　　装机负责人：

附录 2　B747-400 飞机装机通知单

LOADING INSTRUCTION

		FLIGHT/DATE	A/C REG	STATION	BOEING 747-400PAX
	CPT 5	CPT 4	CPT 3	CPT 2	CPT 1
FOR B2443/B2445/B2447 COMBINED WT	5397	14755	22352	24744	8869
MAX	5397	12700	9525	15875	8869
FOR B2472 ONLY COMBINED WT	6255	16257	24377	25010	9068
MAX	6255	12700	9525	15875	9068

747-400PAX

ARRIVAL FWD

DEPARTURE FWD

NOTES: [ ] LOCKS FOR CONTAINER
★ IO CONTAINERS CAN BE LOADED IF P22 &P23 OR P31 &P32 ARE 88" x 126" PALLETS
☆ POSITION CAN BE USED AS BULK IF NO CONTAINER LOAD AND THE NET MUST BE INSTALLED

CODES FOR CPM

B BAGGAGE
BT BAGGAGE TRANSFER
C CARGO
D CREW BAGGAGE
E EQUIPMENT
F FIRST CLASS BAGGAGE
L CONTAINER IN LEFT HAND POSITION
M MAIL
N NO CONTAINER OR PALLET IN POSITION
P PALLET
PP IGLOO
R CONTAINER IN RIGHT HAND POSITION
S SERVICE
T TRANSFER LOAD
U UNSERVICEABLE
V CONTAINER/PALLET VIP BAGGAGE
W CARGO IN SECURITY CONTROLLED CONTAINER
X EMPTY CONTAINER OR EMPTY PALLET
Z MIXED DESTINATION LOAD
O FULLY LOADED
1 ¼ AVAILABLE
2 ½ AVAILABLE
3 ¾ AVAILABLE

SPECIAL INSTRUCTIONS

This aircraft has been loaded in accordance with these instructions including the deviations recorded. The containers/ pallets and bulk load have been secured in accordance with company instructions.

本飞机已按载机指令单装载完毕。实际装载情况包括记录中的偏差。集装箱、板及散货的网锁已按公司规定锁牢。
LOADING SUPERVISOR OR PERSON RESPONSIBLE FOR LOADING:
装机负责人或其授权人签字：

PREPARED BY:

附录 3 B767-300 飞机装机通知单

波音 767 型飞机装载通知单

BOEING 767 LOADING INSTRUCTION

BOEING 767-36D

航班号 FLIGHT NO.	日期 DATE	由: FROM	至: TO
机号 AIRCRAFT NO.			

到达站 ARRIVAL　货物 CARGO　邮件 MAIL　预计行李本 BAGGAGE

起飞时间 DEPARTURE TIME: 备注 MEMO

CPT 1&2 (COMBINED MAX 16460 KG)　CPT 3&4 (COMBINED MAX 12674 KG)　CPT 5 MAX 2925 KG

CPT 1 MAX 8230 KG　CPT 2 MAX 8230 KG　CPT 3 MAX 7242 KG　CPT 4 MAX 5432 KG

CODES FOR CPM 装机信代号

B	BAGGAGE 行李	
BT	BAGGAGE TRANSFER 中转行李	
C	CARGO 货物	
D	FIRST CLASS BAGGAGE 头等舱行李	
E	EQUIPMENT 设备	
L	CONTAINER IN LEFT 左侧集装箱位置	
	HAND POSITION	
M	MAIL 邮件	
N	NO CONTAINER OR 无集装箱或设备位置	
	PALLET IN POSITION	
P	PALLET 托盘	
PP	KILO 公斤	
R	CONTAINER IN RIGHT 右侧集装箱位置	
	HAND POSITION	
S	SERVICE 服务	
T	TRANSFER LOAD 中转载	
U	UNSERVICEABLE/PALLET 不可用集装箱/托盘	
V	VIP BAGGAGE 要客行李	
W	CARGO IN SECURITY 安全检查货物	
	CONTROLLED	
	CONTROLLED	
	CONTAINER	
X	EMPTY CONTAINER 空集装箱或托盘	
	OR EMPTY PALLET	
Z	MIXED DESTINATION 不同目的港载量	
	LOAD	
O	FULLY LOADED 满载	
1	1/4 AVAILABLE 1/4可用	
2	1/2 AVAILABLE 1/2可用	
3	3/4 AVAILABLE 3/4可用	

舱位 CPT	CPT 1&2	CPT 3&4	CPT 5
可用舱位最大体积 (m³) MAXIMUM VOLUME	47.0	47.8	12.2
货仓舱门大小 (cm) SIZE OF CARGO COMPARTMENT DOOR	340W x 175H	177W x 175H	99W x 114H
货物地板最大负荷 MAXIMUM LOADING FOR CARGO COMPARTMENT FLOOR	340W x 175H		732Kg/m²
集装箱高度限度 HEIGHT LIMITATION FOR CONTAINER			160cm

SPECIAL INSTRUCTIONS: 特殊要求:

集装箱锁钩加 DETENT FOR CONTAINER

制表人: PREPARED BY:　审核人: APPROVED BY:　装载负责人: LOAD SUPERVISOR:

FWD　ARRIVAL 到达站　DEPARTURE 出发　ARRIVAL 列入

附录 4 B777-200 飞机装机通知单

LOADING INSTRUCTION

| | | FLIGHT/DATE | | A/C REG | | STATION | | BOEING 777-200 |

| CPT 5 MAX 4082 KG | CPT 3 & 4 (COMBINED 22226 KG) | | CPT 1 & 2 (COMBINED 30617 KG) | |
| | CPT 4 MAX 12700 KG | CPT 3 MAX 11112 KG | CPT 2 MAX 17778 KG | CPT 1 MAX 15308 KG |

ARRIVAL

FWD →

DEPARTURE

FWD →

注：⊥ 单面卡锁 ↕ 横向导轨

This aircraft has been loaded in accordance with these instructions
including the deviations recorded. The containers/ pallets and bulk
load have been secured in accordance with company instructions.

本飞机已按装载指令装载完毕，实际装载情况及包括记录中的偏差、集装箱、
板及散舱的网锁已按公司规定锁牢。
LOADING SUPERVISOR OR PERSON RESPONSIBLE FOR LOADING:
装机负责人或其授权人签字：

SPECIAL INSTRUCTIONS

PREPARED BY:

CODES FOR CPM

B   BAGGAGE
BT BAGGAGE TRANSFER
C   CARGO
D   CREW BAGGAGE
E   EQUIPMENT
F   FIRST CLASS BAGGAGE
L   CONTAINER IN LEFT
    HAND POSITION
M   MAIL
N   NO CONTAINER OR
    PALLET IN POSITION
P   PALLET
PP IGLOO
R   CONTAINER IN RIGHT
    HAND POSITION
S   SERVICE
T   TRANSFER LOAD
U   UNSERVICEABLE
    CONTAINER/PALLET
V   VIP BAGGAGE
W   CARGO IN SECURITY
    CONTROLLED
    CONTAINER
X. EMPTY CONTAINER
    OR EMPTY PALLET
Z   MIXED DESTINATION
    LOAD
O   FULLY LOADED
1   ¼ AVAILABLE
2   ½ AVAILABLE
3   ¾ AVAILABLE

附录 5　B787-8 飞机装机通知单

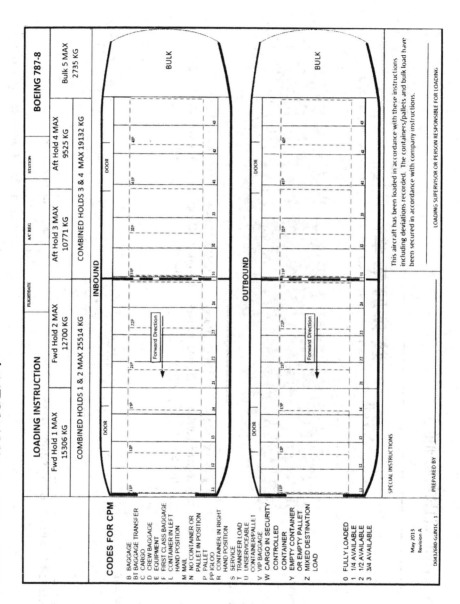

附录 6　A320 飞机装机通知单

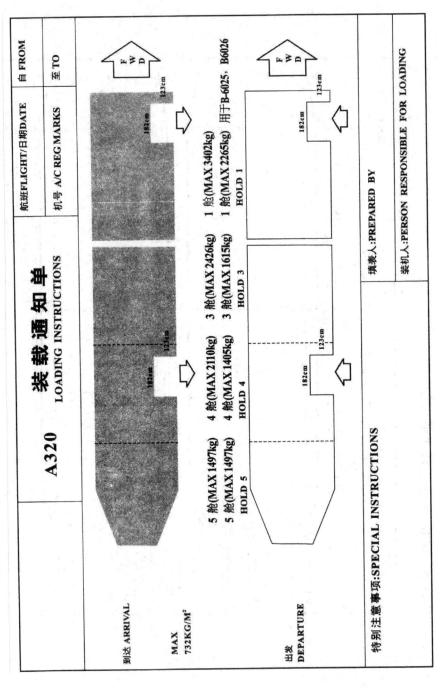

航班FLIGHT/日期DATE	自FROM
机号 A/C REG MARKS	至 TO

A320

装 载 通 知 单
LOADING INSTRUCTIONS

到达 ARRIVAL

MAX
732KG/M²

出发
DEPARTURE

5 舱(MAX 1497kg)　4 舱(MAX 2110kg)　3 舱(MAX 2426kg)　1 舱(MAX 3402kg)
5 舱(MAX 1497kg)　4 舱(MAX 1405kg)　3 舱(MAX 1615kg)　1 舱(MAX 2265kg) 用于 B-6025、B6026
HOLD 5　　　　　　HOLD 4　　　　　　HOLD 3　　　　　　HOLD 1

F W D

123cm

182cm

123cm

182cm

F W D

182cm

123cm

182cm

123cm

特别注意事项:SPECIAL INSTRUCTIONS

填表人:PREPARED BY

装机人:PERSON RESPONSIBLE FOR LOADING

附录 7 A340-600 飞机装机通知单

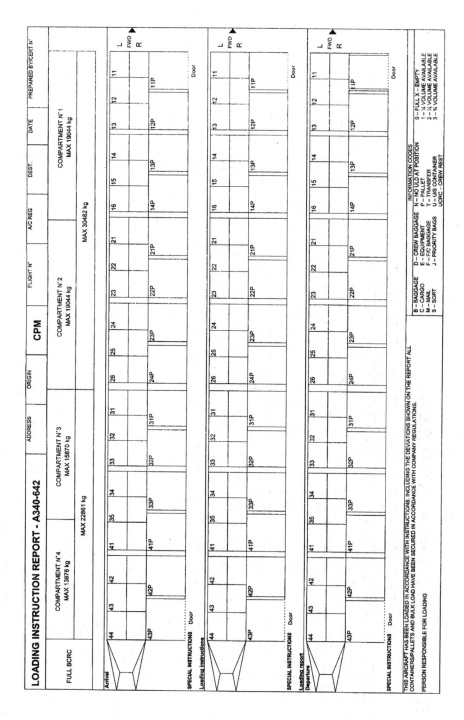

附录 8　Canadair Jet100/200 飞机装机通知单

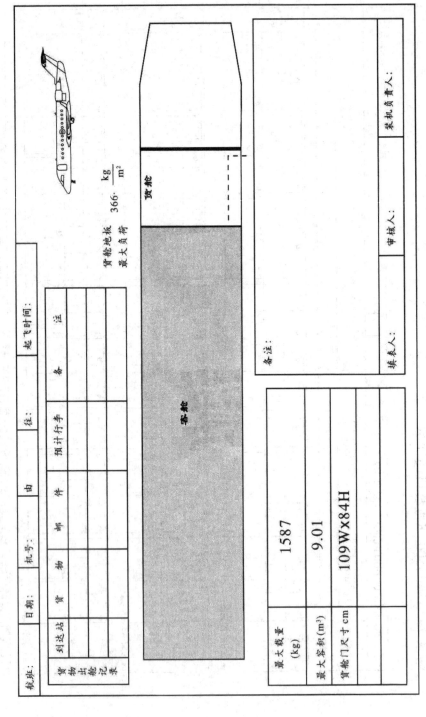

航班：　　　　日期：　　　　航号：　　　　由　　　　径：　　　　起飞时间：

货物出舱记录	到达站	货物	邮件	预计行李	备注

货舱地板最大负荷　366· $\dfrac{kg}{m^2}$

顶舱

客舱

货舱

最大载量 (kg)	1587
最大容积 (m³)	9.01
货舱门尺寸 cm	109W×84H

备注：

填表人：　　　　审核人：　　　　装机负责人：

— 242 —

附录9 B737-700飞机载重平衡图

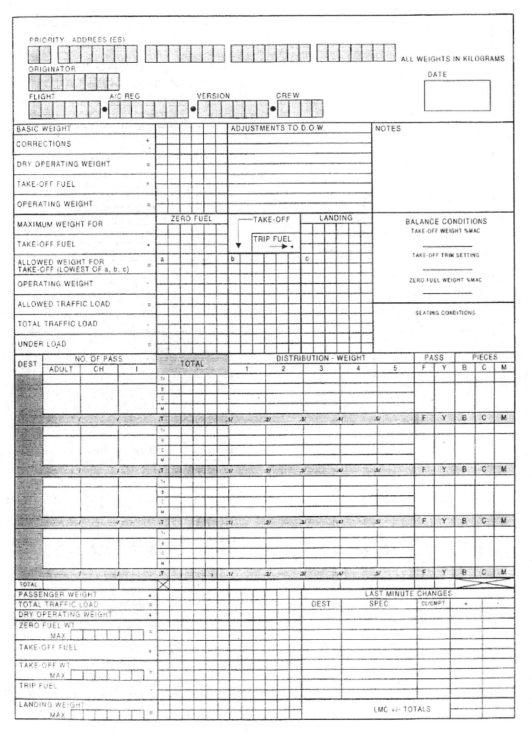

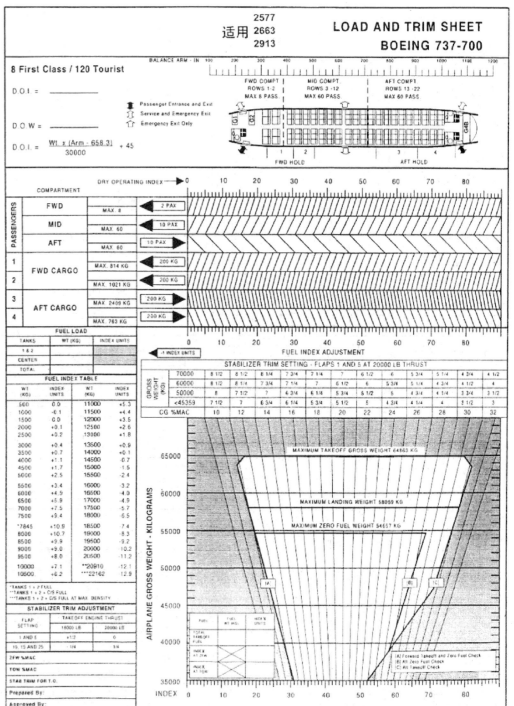

附录10　B737-800飞机载重平衡图

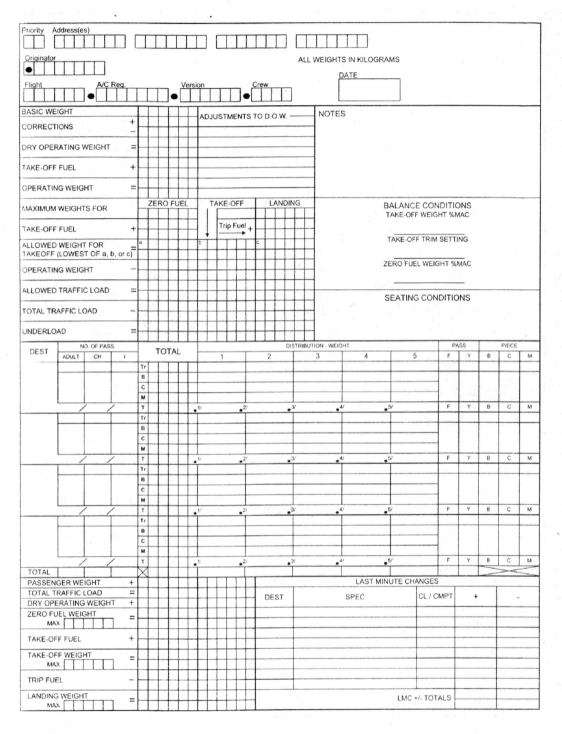

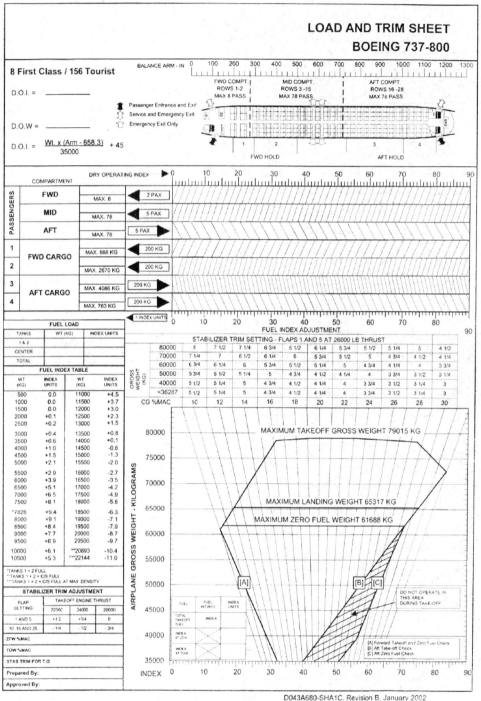

D043A680-SHA1C, Revision B, January 2002

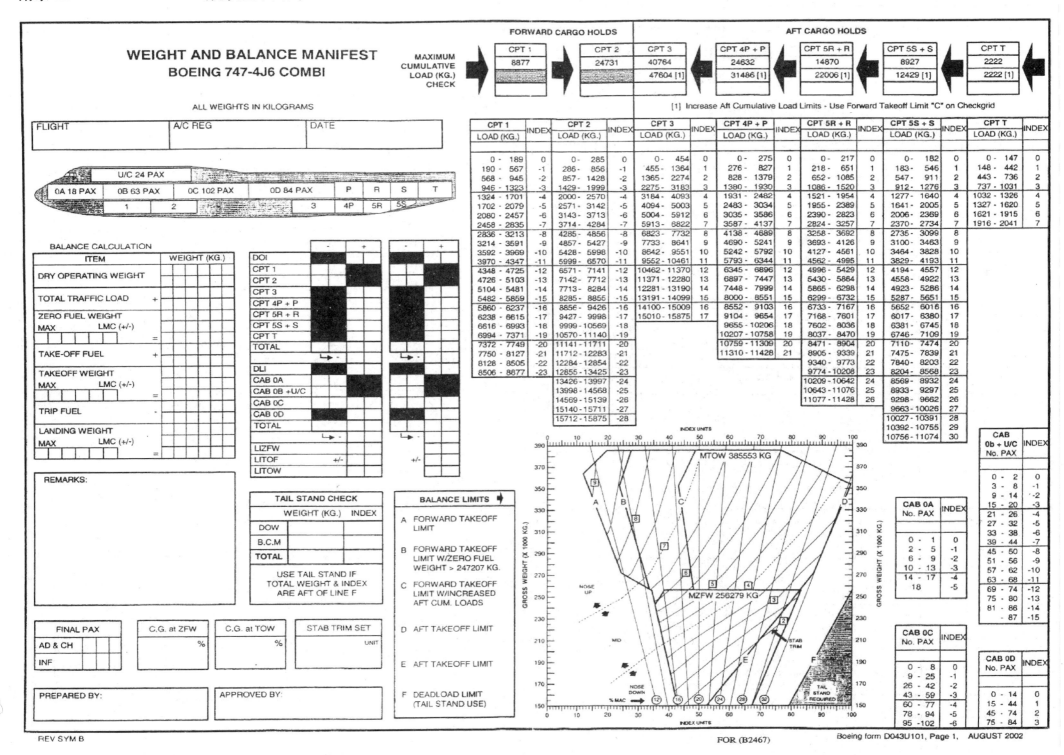

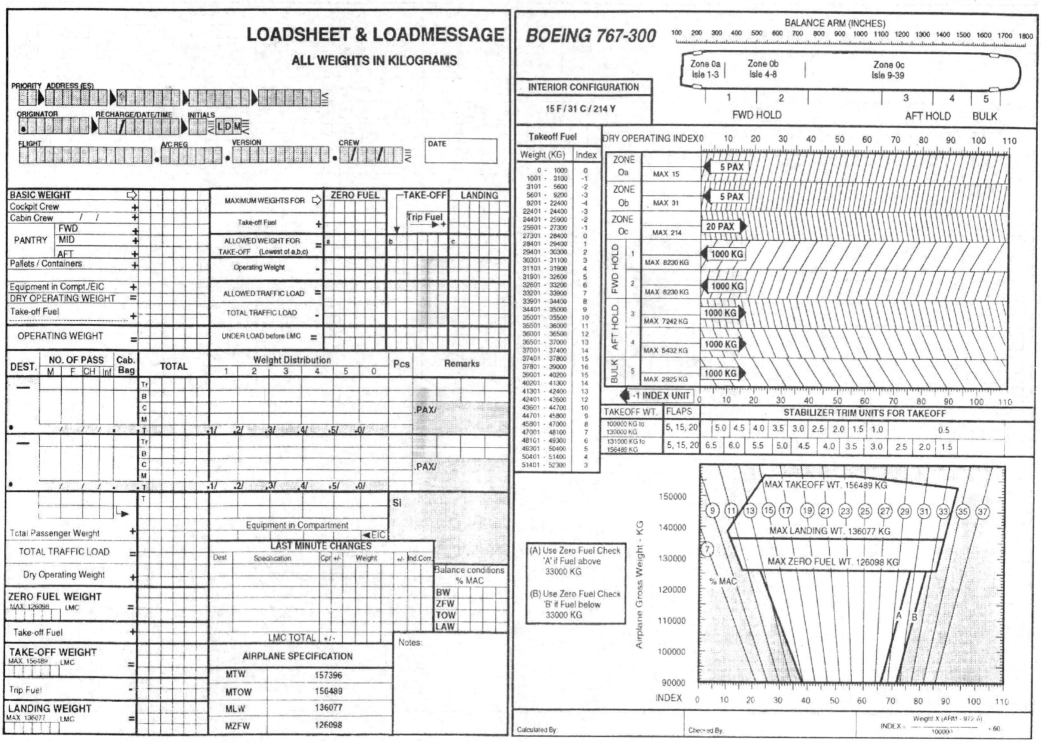

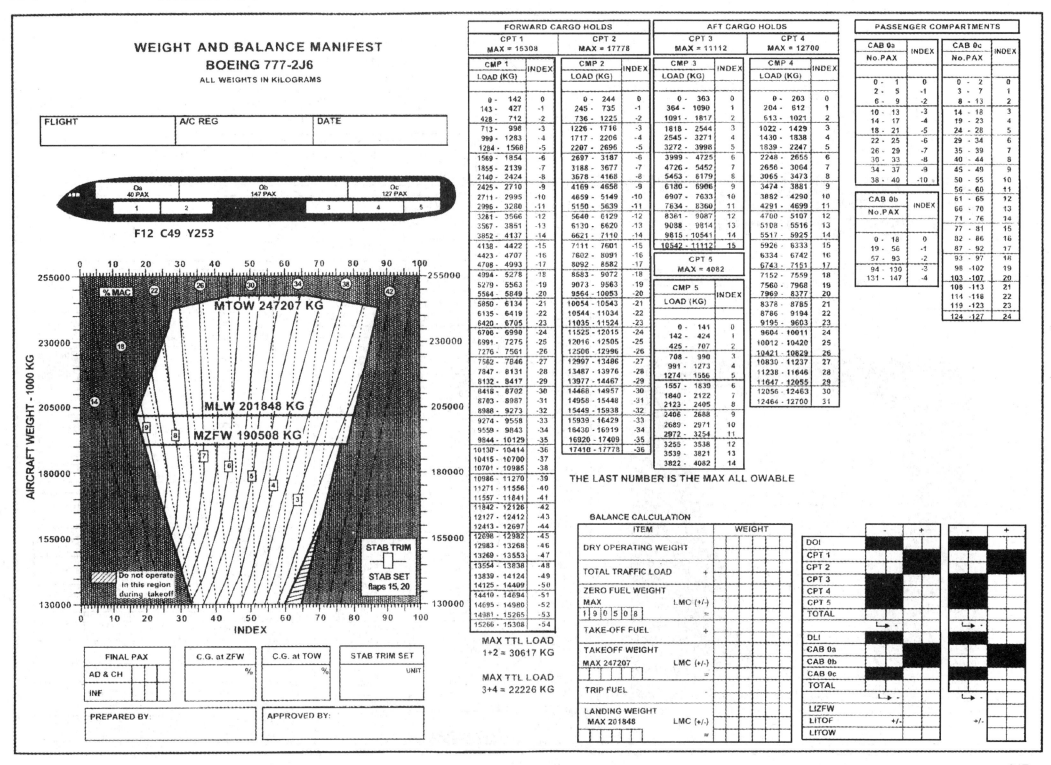

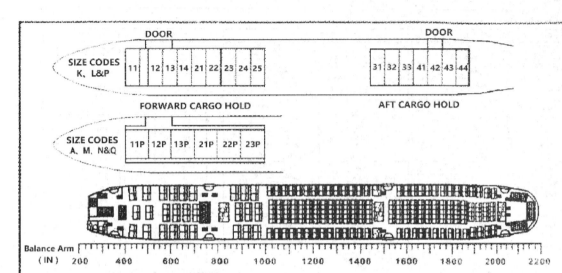

SIZE CODES K, L&P

DOOR | DOOR

| 11 | 12 | 13 | 14 | 21 | 22 | 23 | 24 | 25 |

| 31 | 32 | 33 | 41 | 42 | 43 | 44 |

FORWARD CARGO HOLD | AFT CARGO HOLD

SIZE CODES A, M, N&Q

| 11P | 12P | 13P | 21P | 22P | 23P |

Balance Arm (IN) 200 400 600 800 1000 1200 1400 1600 1800 2000 2200

WEIGHT AND BALANCE MANIFEST
BOEING 777-2J6
ALL WEIGHTS IN KILOGRAMS

$$\%MAC = \frac{Balance\ Arm(IN.) - 1174.5(IN.)}{278.5(IN.)} \times 100$$

$$INDEX\ UNIT = \frac{Weight(KG.) \times (Balance\ Arm(IN.) - 1258.0(IN.))}{200000(KG.-IN.)}$$

For Dry Operating Index ADD + 50.0

REMARKS

Positions

MTOW = 247207 KG   MLW = 201848 KG   MZFW = 190508 KG

STAB SET flaps 5

0 10 20 30 40 50 60 70 80 90 100

%MAC

MTOW 247207 KG

MLW 201848 KG

MZFW 190508 KG

AIRCRAFT WEIGHT ~ 1000 KG

Do not operate in this region during takeoff

STAB TRM

STAB SET flaps 5

INDEX 10 20 30 40 50 60 70 80 90 100

FUEL LOADING INDEX TABLE

WEIGHT (KG)	INDEX UNIT	WEIGHT (KG)	INDEX UNIT	WEIGHT (KG)	INDEX UNIT
1000	0	33000	1	65000	8
2000	0	34000	1	66000	8
3000	0	35000	1	67000	7
4000	0	36000	2	68000	7
5000	0	37000	2	69000	7
6000	0	38000	2	70000	6
7000	0	39000	2	71000	6
8000	0	40000	3	72000	5
9000	0	41000	3	73000	5
10000	0	42000	3	74000	4
11000	0	43000	4	75000	4
12000	0	44000	4	76000	3
13000	0	45000	5	77000	3
14000	0	46000	5	78000	2
15000	0	47000	6	79000	2
16000	0	48000	6	80000	1
17000	0	49000	7	81000	1
18000	0	50000	8	82000	0
19000	0	51000	8	83000	0
20000	0	52000	9	84000	-1
21000	0	53000	10	85000	-1
22000	0	54000	11	86000	-2
23000	0	55000	11	87000	-2
24000	0	56000	12	88000	-3
25000	0	56326*	13	89000	-3
26000	0	57000	12	90000	-4
27000	0	58000	12	91000	-4
28000	0	59000	11	92000	-5
29000	0	60000	11	93000	-6
30000	1	61000	10	94000	-6
31000	1	62000	10	95000	-6
32000	0	63000	9	96000	-6
*WING TANKS		64000	9	97000	-6
FULL				97398	-6

MAXIMUM UNIT LOAD DEVICE LIMITS (KG.)
Containers

ULD TYPE/ DIMENSIONS	SIZE CODE	All Positions	Positions 25 & 31**
Container (60.4" X 47.0")	P	1224*	
Container (60.4" X 61.5")	K	1587	2336
Container (60.4" X 125.0")	L	3175	4762

* This unit load device is not certifile for all positions.
**Tiedowns are required.
Refer to document D043W520-BEJ1 for details.

MAXIMUM UNIT LOAD DEVICE LIMITS (KG.)
Pallets/Half Pallets

ULD TYPE/ DIMENTIONS	SIZE CODE	Positions 11P-22P	Positions 23P	Positions 23P*
Pallet (88.0" X 125.0")	A	4676	5102	6939
Pallet (96.0" X 125.0")	M	5102	6350	7574
Half Pallet (96.0" X 61.5")	N	2449	2449	3719

**Tiedowns are required.
Refer to document D043W520-BEJ1 for details.

CLEAR DOOR OPENNINGS
HEIGHT (IN.) X WIDTH (IN.)

FWD HOLD	AFT HOLD	AFT BULK
64.0" X 101.9"	64.0" X 67.0"	44.0" X 33.2"

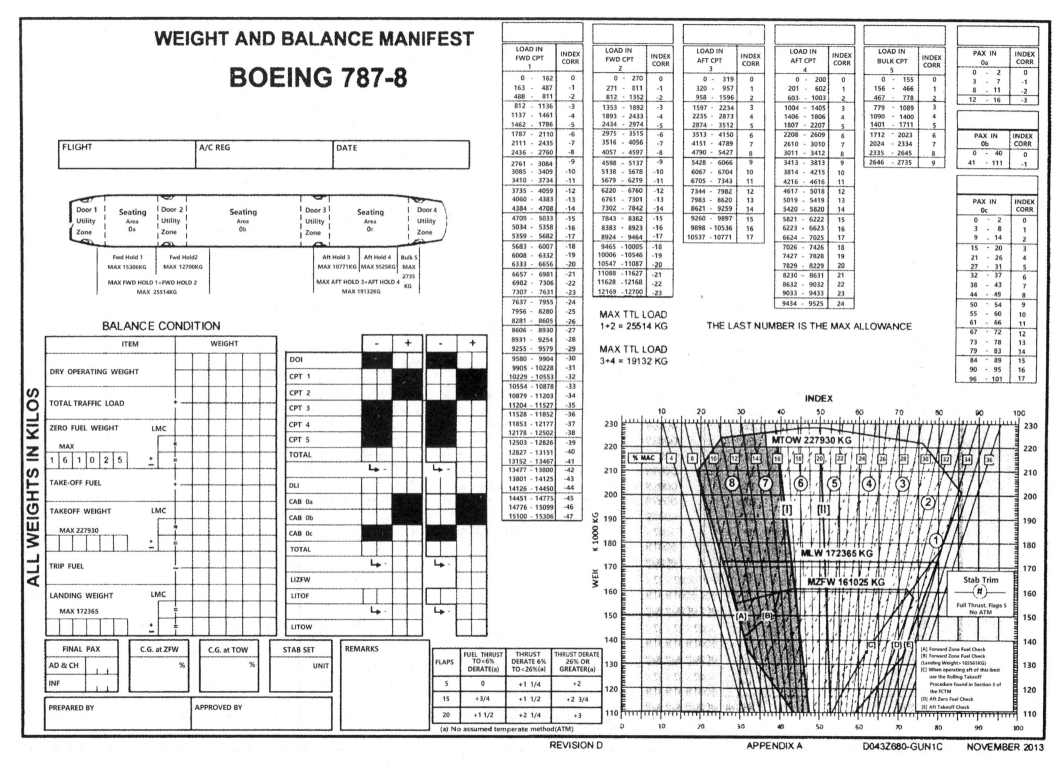

TOTAL FUEL INDEX TABLE

WT-KG	INDEX	WT-KG	INDEX	WT-KG	INDEX	WT-KG	INDEX	WT-KG	INDEX
1000	0	25000	5	48000	6	72000	-5	96000	-16
2000	0	26000	5	49000	5	73000	-6	97000	-16
3000	0	27000	6	50000	5	74000	-6	98000	-17
4000	0	28000	6	51000	4	75000	-7	99000	-17
5000	0	29000	7	52000	4	76000	-7	100000	-18
6000	1	30000	8	53000	3	77000	-7	101000	-18
7000	1	31000	9	54000	3	78000	-8	102000	-18
8000	1	32000	9	55000	2	79000	-8	103000	-18
9000	1	33000	11	56000	2	80000	-9	104000	-19
10000	1	• 33788	12	57000	2	81000	-9	105000	-19
11000	1	34000	12	58000	1	82000	-9	106000	-19
12000	1	35000	11	59000	0	83000	-10	107000	-19
13000	1	36000	11	60000	0	84000	-10	107323	-19
14000	1	37000	10	61000	0	85000	-11		
15000	2	38000	10	62000	-1	86000	-11		
16000	2	39000	10	63000	-1	87000	-12		
17000	2	40000	9	64000	-2	88000	-12		
18000	2	41000	9	65000	-2	89000	-13		
19000	2	42000	8	66000	-3	90000	-13		
20000	3	43000	8	67000	-3	91000	-14		
21000	3	44000	8	68000	-4	92000	-14		
22000	3	45000	7	69000	-4	93000	-14		
23000	4	46000	7	70000	-4	94000	-15		
24000	4	47000	6	71000	-5	95000	-15		

ADDITIONS AND DEDUCTIONS INDEX TABLE

ITEM INDEX=(WEIGHT OF ITEM(KG)) x (ITEM C.G.-1079.2)/ (200000KG-IN)

		WEIGHT IN KILOGRAMS					
		50	59	75	80	100	
ITEMS ON (ADDITIONS)	FLIGHT DECK OCCUPANT	-	-	-	0.4	-	ITEMS OFF (DEDUCTIONS)
	DOOR 1 GALLEY	-	-	-	-	0.4	
	DOOR 1 ATTENDANT	-	0.2	-	-	-	
	FWD CARGO CPT 1	0.2	-	-	-	0.3	
	PASSENGER IN 0a	-	-	0.2	-	-	
	DOOR 2 ATTENDANT	-	0.1	-	-	-	
	DOOR 2 GALLEY	0.1	-	-	-	-	
	FWD CARGO CPT 2	-	-	-	-	0.2	
	PASSENGER IN 0b	-	-	0.0	-	-	
	DOOR 3 ATTENDANT	-	0.1	-	-	-	
	AFT CARGO CPT 3	0.1	-	-	-	0.2	
	PASSENGER IN 0c	-	-	0.2	-	-	
	AFT CARGO CPT 4	0.1	-	-	-	0.2	
	AFT CARGO CPT 5	0.2	-	-	-	0.3	
	DOOR 4 GALLEY	0.2	-	-	-	0.3	
	DOOR 4 ATTENDANT	-	0.2	-	-	0.4	

This table gives the index increment for specified load changes .
Note that the signs of items added are on the left and the
signs for items deducted are on the right.

附录 15　A321-200 飞机载重平衡图

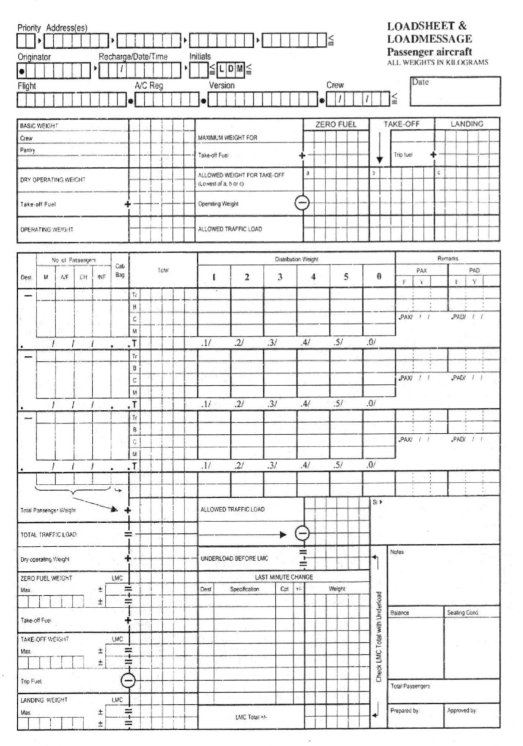

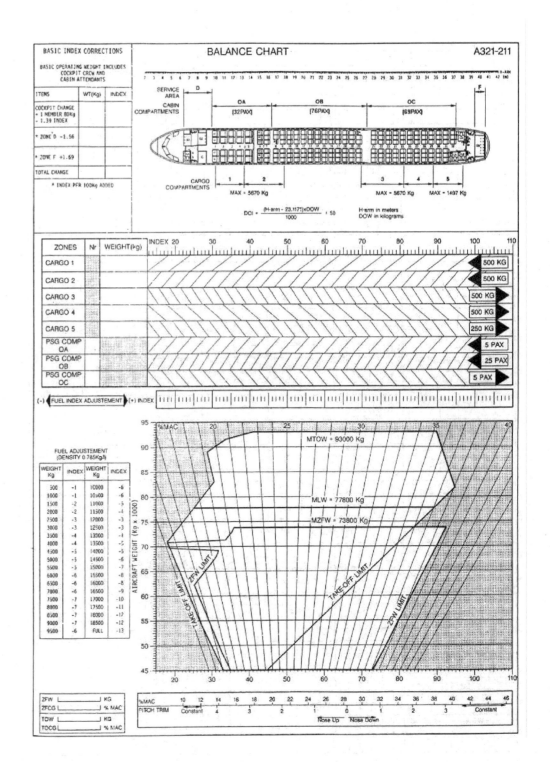

附录 16 A340-600 飞机载重平衡图

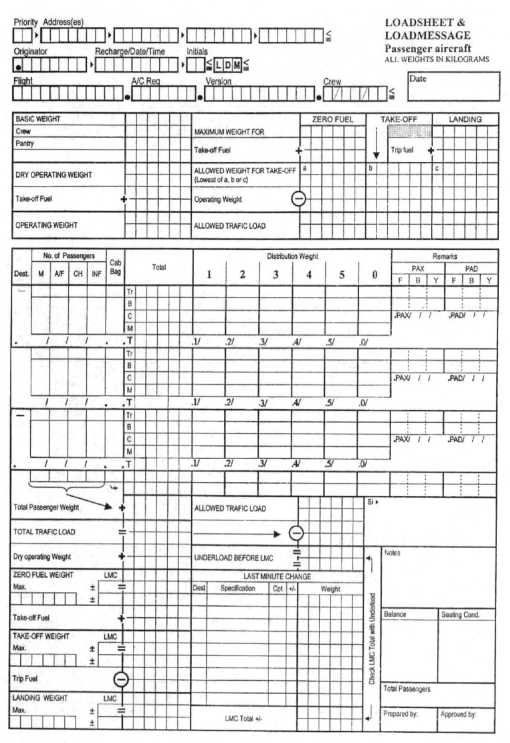

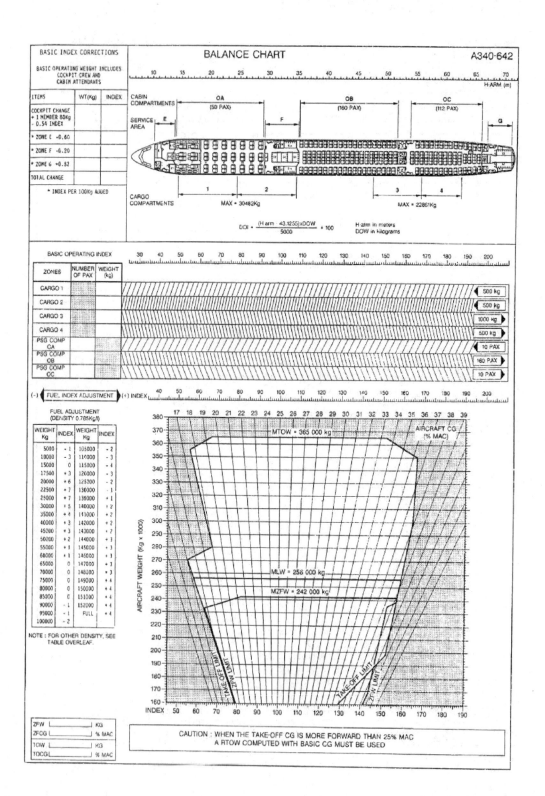

附录17　Canadair Jet 飞机载重平衡图

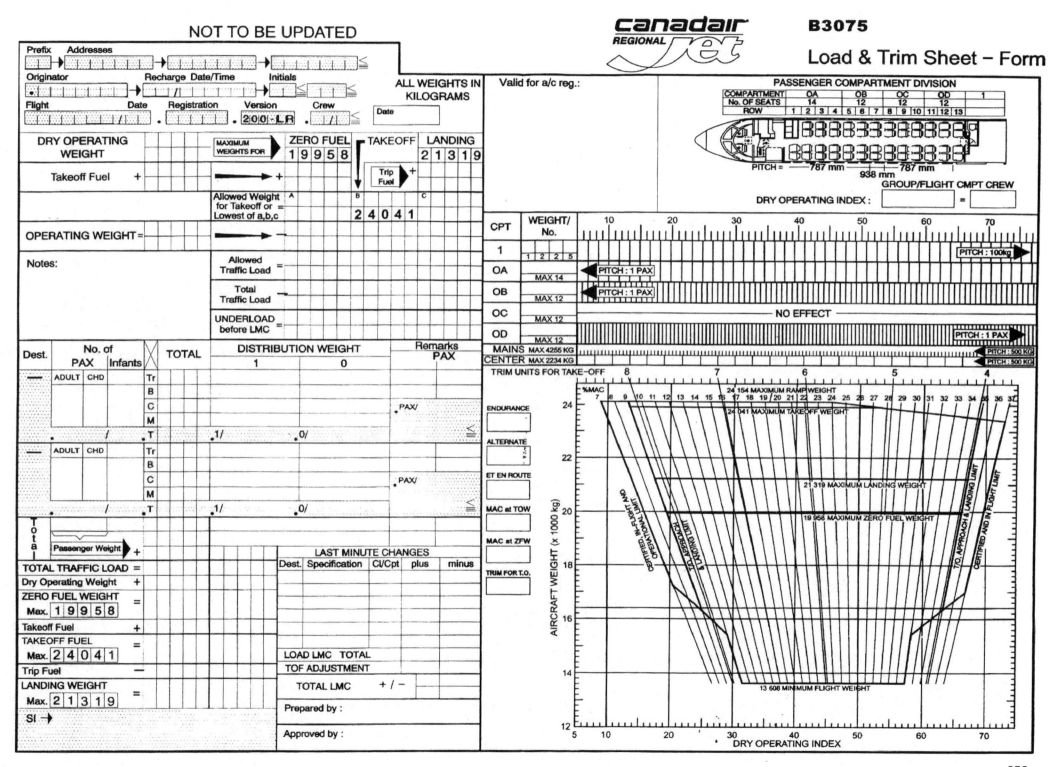